普通高等院校“十四五”精品教材

信息技术上机实训

主　编　艾磊华　艾蕾梅　符小周

副主编　叶会连　章勇辉　罗　茜　程凤珍

参　编　胡正胜　张　兵　黄小芬　周立权

张智慧　符瑜梅　钟清平　覃继苗

卢水英　章小华　苏小永

哈爾濱工程大學出版社

Harbin Engineering University Press

内容简介

本书分为两篇。第一篇为单元实训，主要包括计算机基础知识、Windows 10 操作系统、Word 2016 文字处理软件、Excel 2016 电子表格软件的应用、PowerPoint 2016 演示文稿的应用、多媒体技术基础；第二篇为真题实训，主要包括全国计算机等级考试简介、计算机基础知识和网络的基本知识、Windows 操作系统的使用、Word 操作、Excel 操作、PowerPoint 操作、浏览器（IE）的简单使用和电子邮件收发。

本书内容通俗易懂、易学易用，特别注重实用性和动手能力的培养，适合高职高专、中职学校以及各类培训班作为计算机课程的辅助教材使用。

图书在版编目（CIP）数据

信息技术上机实训 / 艾磊华，艾蕾梅，符小周主编
. -- 哈尔滨 ：哈尔滨工程大学出版社，2021.8
ISBN 978-7-5661-3221-5

Ⅰ. ①信… Ⅱ. ①艾… ②艾… ③符… Ⅲ. ①电子计算机－教材 Ⅳ. ①TP3

中国版本图书馆 CIP 数据核字（2021）第 156002 号

信息技术上机实训
XINXI JISHU SHANGJI SHIXUN

责任编辑 张林峰
封面设计 赵俊红

出版发行 哈尔滨工程大学出版社
社　　址 哈尔滨市南岗区南通大街 145 号
邮政编码 150001
发行电话 0451-82519328
传　　真 0451-82519699
经　　销 新华书店
印　　刷 唐山唐文印刷有限公司
开　　本 787 mm×1 092 mm 1/16
印　　张 13
字　　数 333 千字
版　　次 2021 年 8 月第 1 版
印　　次 2021 年 8 月第 1 次印刷
定　　价 32.00 元
http://www.hrbeupress.com
E-mail：heupress@hrbeu.edu.cn

前 言

现代计算机技术的快速发展以及社会的不断进步，使得人们的工作、学习和生活越来越离不开计算机了。特别是还在学校学习的学生，如果不掌握一定的计算机知识和操作技能，就很难有效地获取、整理、发布与自己专业或工作相关的信息。

本书由教学经验丰富的一线教师编写而成，分为单元实训和真题实训两篇。第一篇主要包括计算机基础知识、Windows 10 操作系统、Word 2016 文字处理软件、Excel 2016 电子表格软件的应用、PowerPoint 2016 演示文稿的应用、多媒体技术基础。第二篇主要包括全国计算机等级考试简介、计算机基础知识和网络的基本知识、Windows 操作系统的使用、Word 操作、Excel 操作、PowerPoint 操作、浏览器（IE）的简单使用和电子邮件收发。

本书由艾磊华、艾蕾梅和符小周担任主编，由叶会连、章勇辉、罗茜和程凤珍担任副主编，参与编写的还有胡正胜、张兵、黄小芬、周立权、张智慧、符瑜梅、钟清平、覃继苗、卢水英、章小华和苏小永。

本书内容通俗易懂、易学易用，特别注重实用性和动手能力的培养，适合高职高专、中职学校以及各类培训班作为计算机课程的辅助教材使用。本书的相关资料和售后服务可扫本书封底的微信二维码或与登录 www.bjzzwh.com 下载获得。

由于编者水平有限，加之时间仓促，书中难免有所疏漏，敬请广大读者批评指正。

编 者

2021年7月

目 录

第1篇 单元实训

第 2 篇　真题实训

第1篇　单元实训

第1单元　计算机基础知识

实训1　个人计算机的维护

一、实训目的

✧学会杀毒软件的下载、安装。

✧学会用杀毒软件对个人计算机进行日常维护。

二、实训步骤

任务1　杀毒软件的下载、安装、使用

上网下载一款杀毒软件，安装并对所用计算机进行病毒查杀。

提示：常用杀毒软件有金山毒霸、QQ电脑管家、卡巴斯基、小红伞、江民、瑞星等。

任务2　系统维护软件的下载、安装、使用

上网下载一款系统维护软件，对个人计算机进行维护：清理临时文件和垃圾文件、加快开机速度、阻止一些程序开机自动执行、加快上网和关机速度、系统个性化、清除恶意软件和网站、安装系统补丁、系统备份和还原等。

提示：常用系统维护软件有超级兔子、360卫士、系统万能工具箱、优化大师、QQ电脑管家、百度卫士等。

实训 2　为自己或家人、朋友配置一台电脑

一、实训目的

➢ 学会在网上或计算机卖场中调查最新微机配件型号及价格。

➢ 熟练掌握计算机的硬件设备。

➢ 学会配置个人电脑。

二、实训步骤

上网或到计算机市场为自己或家人、朋友配置一台电脑，尽量最优的价格获得最合适的配置，并填写在表 1-1 中。

表 1-1　微机配置报价

编号	配件名称	品牌	型号	单价
1				
2				
3				
4				
5				
6				
7				
8				
9				
10				
11				
12				
13				
合计				

填表人：

实训3　计算机网络基础知识

一、实训目的

✧掌握TCP/IP协议的设置方法。

✧掌握主页设置和网页保存。

✧掌握邮件发送。

二、实训步骤

任务1　TCP/IP协议的设置

提示：(1) 对于TCP/IP协议，要进行相关设置才能正常使用。

(2) 鼠标右击桌面上“网络”图标，选中“属性”，打开“本地连接状态”对话框。

(3) 选择“属性”按钮，打开“本地连接属性”对话框。

(4) 双击“Internet协议版本4（TCP/IPv4）”，打开“Internet协议版本4（TCP/IPv4）属性”窗口，设置IP地址和DNS服务器地址。

(5) 如果IP地址使用动态分配，那么只要选择“自动获得IP地址”、自动获得DNS服务器地址即可。

(6) 完成TCP/IP的设置后，鼠标右键单击桌面上的“网络”图标，从快捷菜单中选择“属性”命令，打开“本地连接状态”对话框，其中出现了代表本地网络已经连接的图标，此时就可以通过网络浏览信息或收发邮件了。

注意现在很多单位的局域网或家中使用的宽带网都可自动获取IP地址。但如果使用的是固定IP地址，则需要让网络管理员给自己分配IP地址，同时获得相应的“子网掩码”的地址和DNS域名解析服务器的IP地址。如果安装了网关，则还需要知道网关的IP地址等，把这些地址填写到各自的文本框中即可。

任务2　设置主页和保存网页

将上海热线http://www.online.sh.cn设为主页，并将“体育”页面下“国内足坛”的第3条新闻的前3段内容下载到考生文件夹中，文件名为new.txt。

提示：(1) 打开IE浏览器。

(2) 在“地址栏”中输入网址“http://www.online.sh.cn”，并按【Enter】键打开页面，从中单击“体育”页面，再选择“国内足坛”的第3条新闻，单击打开此页面。

(3) 单击【文件】|【另存为】命令，弹出“保存网页”对话框，在“文档库”窗格中打开考生文件夹，在“文件名”编辑框中输入“new.txt”，在“保存类型”中选择

“文本文件（*.txt）”，单击“保存”按钮完成操作。

任务3　邮件收发

向课题组成员小赵和小李分别发 E-mail，主题为“紧急通知”，具体内容为“本周二下午一时，在学院会议室进行课题讨论，请勿迟到缺席!”。发送地址分别是 zhaoguoli@cuc. edu. cn 和 lijianguo@cuc. edu. cn。

提示：(1) 打开“Outlook 2016”。

(2) 在 Outlook 2016 功能区中单击“新建电子邮件”按钮，弹出“新邮件”对话框。

(3) 在“收件人”编辑框中输入“zhaoguoli@cuc. edu. cn;lijianguo@cuc. edu. cn”；在“主题”编辑框中输入“紧急通知”；在窗口中央空白的编辑区域内输入邮件的主题内容“本周二下午一时，在学院会议室进行课题讨论，请勿迟到缺席!”。

(4) 单击“发送”按钮，完成邮件的发送。

第 2 单元　Windows 10 操作系统

实训 1　Windows 10 的基本操作

一、实训目的

✧ 掌握 Windows 10 的启动、退出和重启方法。

✧ 学会排列桌面图标与调整任务栏。

✧ 掌握窗口排列方式。

二、实训步骤

任务 1　开机准备

（1）检查电源接线是否接好。

（2）检查 USB 接口是否有 U 盘，若有，要将 U 盘取出。

任务 2　启动计算机

提示：打开主机箱的电源开关→打开显示器的电源开关→单击选择用户→输入密码→单击“确定”按钮。

任务 3　关闭计算机

提示：单击开始→单击关闭→在对话框中选择关机，然后单击“确定”按钮，即可以安全关机。

任务 4　重启计算机

提示：

（1）冷启动：即将计算机系统除主机外各部件的电源开关打开后，再打开主机电源开关来启动计算机的方法。

（2）热启动：计算机在工作时间过长或由于其他原因引起死机后，可以同时按键盘上的【Ctrl】、【Alt】、【Del】键来重新启动计算机。

（3）RESET：简称重置，计算机死机后使用热启动不能实现计算机的重新启动后，可以按机箱面板上的“RESET”按钮来重新启动计算机。

任务 5　排列桌面图标

请按修改时间排列桌面图标。

提示：单击鼠标右键→选择“排序方式”→选中“修改日期”。

任务 6　排列窗口

请将窗口按不同方式排列。

提示：在任务栏空白处单击鼠标右键打开右键菜单→选中“层叠窗口”或“堆叠显示窗口”或“并排显示窗口”。

任务 7　设置任务栏图标

请将任务栏的图标设置为“小图标”显示。

提示：在任务栏空白处单击鼠标右键打开右键菜单→选中“属性”→在“任务栏和开始菜单属性”对话框中选择“任务栏”选项卡→在“任务外观”中勾选“使用小图标”→单击“确定”按钮。

实训 2　文件和文件夹的基本操作

一、实训目的

✧掌握“资源管理器”的使用。

✧掌握文件与文件夹的基本操作。

二、实训步骤

任务 1　打开资源管理器

提示：

方法 1：单击“开始”→“程序”→“附件”→“资源管理器”。

方法 2：右击“开始”按钮，在出现的快捷菜单中选择“Windows 资源管理器”。

方法 3：右击“我的电脑”或“回收站”等按钮，在出现的快捷菜单中选择“资源管理器”。

任务 2　练习文件夹的展开与折叠

提示：打开资源管理器，将鼠标指向左侧树形目录中（本地磁盘 C:）图标左侧方框中的“▷”号并单击，此时观察到原来的“▷”号变为“◢”号，这表明 C 盘下的文件夹已经展开；再单击该“◢”号，则可观察到此时“◢”号又变为“▷”号，这表明 C 盘下的文件夹又折叠了起来。

任务 3　文件或文件夹操作

对 C 盘下的文件或文件夹执行以下操作，并观察其中的区别：①显示所有的文件和文件夹；②隐藏受保护的操作系统文件；③隐藏已知文件类型的扩展名。

提示：在“资源管理器”窗口，选择“组织｜文件夹和搜索选项”菜单命令打开“文件夹选项”对话框，再选择“查看”选项卡，在“高级设置”栏实现各项设置。

任务 4　浏览文件或文件夹

分别用缩略图、列表、详细信息等方式浏览 Windows 主目录，观察各种显示方式之间的区别。

提示：在“资源管理器”窗口选择“更改你的图视”命令，通过相应子菜单实现。

任务 5　排序文件或文件夹

分别按名称、大小、文件类型和修改时间对 Windows 主目录进行排序，观察四种排序方式的区别。

提示：在“资源管理器”窗口单击鼠标右键，选择“排序方式”的级联菜单，通过相应子菜单实现。

任务 6　创建文件夹

在 E 盘的根目录上创建文件夹，文件夹目录结构如图 2-1 所示。

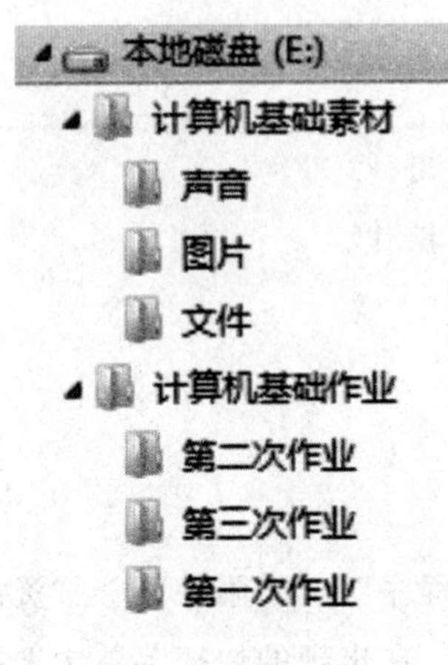

图 2-1　文件夹目录结构

提示：新建文件夹的用途是实现分门别类地存放文件，便于管理。

任务 7　文件的创建、移动和复制

①在桌面上，新建文本文件 Test1. txt，用“快捷菜单｜新建｜文本文档”命令创建文本文件 Test2. txt，两个文件的内容可任意输入。

②将桌面上的 Test1. txt 用快捷菜单中的“复制”和“粘贴”命令复制到“E:\计算机基础作业\第一次作业”中。

③将桌面上的 Test1. txt 用【Ctrl＋C】键和【Ctrl＋V】键复制到“E:\计算机基础作业\第一次作业\One”中。

④将桌面上的 Test1. txt 用鼠标拖曳的方法复制到“E:\计算机基础作业\第一次作业\Two”中。

⑤将桌面上的 Test2. txt 移动到“E:\计算机基础作业\第二次作业”中。

⑥将“E:\计算机基础作业\第一次作业\One”文件夹移动到“E:\计算机基础作业\第二次作业”，要求移动整个文件夹，而不是仅仅移动其中的某一个文件。

任务 8　文件夹或文件的删除和属性设置

①利用【Delete】键删除桌面上的文件 Test1. txt 和 Test2. txt，再设法恢复。

②使用【Shift＋Delete】组合键删除桌面上的文件 Test1. txt，观察是否送到回收站。

③设置“E:\计算机基础作业\第二次作业”文件夹中的文件 Test2. txt 的属性为只读和隐藏。

④打开“E:\计算机基础作业\第二次作业”，不显示“隐藏”文件。

任务 9　文件或文件夹的查找

①计算机中查找文件 Win.ini 的位置。

②在 C 盘查找文件夹 Fonts 的位置。

③查找 D 盘所有扩展名为 .txt 的文件。

提示：搜索时，可以使用“?”和“*”符号。“?”表示任一字符，“*”表示任一字符串。因此，在该题中应输入“*.txt”作为文件名。

④查找 C 盘文件名中第三个字符为 a、扩展名为 .bmp 的文件。

提示：在搜索栏中输入“?? a*.bmp”作为文件名。

实训3　个性化设置

一、实训目的

✧掌握屏幕保护程序设置。

✧掌握显示器的色彩和分辨率的调整。

✧掌握任务管理器的作用。

二、实训步骤

任务1　设置屏幕保护程序

提示：

(1) 打开“控制面板”窗口，点击“外观和个性化设置｜更改屏幕保护程序”，打开“屏幕保护程序”对话框。

(2) 单击“屏幕保护程序”列表的下拉按钮，打开当前计算机所有可用的屏幕保护程序列表，从中选择“三维文字”。

(3) 单击“预览”按钮，可预览所选屏幕保护程序的相应效果。

任务2　调整显示器的色彩和分辨率

提示：“分辨率”以像素为单位，当分辨率为800×600时桌面的图标会大一些，而选择1 024×768可以看到桌面的图标变小了，桌面变得开阔。只有显示适配器和显示器都支持本特征才可以修改这些配置。

任务3　设置显示器的刷新率

提示：显示器刷新率的高低直接影响到使用者的眼睛疲劳。人眼所适应的显示器刷新率是60～85 Hz，刷新频率过低会使人感觉到屏幕闪烁，但刷新率过高又会使显示器的使用寿命下降。

任务4　任务管理器使用

使用“任务管理器”执行以下操作。

(1) 使用“任务管理器”关闭、打开应用程序。

提示：①打开“任务管理器”，选择“应用程序”选项卡，这里只显示当前已打开窗口的应用程序，选中应用程序（比如，“未命名—画图”），单击“结束任务”按钮可直接关闭这个应用程序，如果需要同时结束多个任务，可以按住【Ctrl】键复选。②单击“文件｜新建任务”按钮，可以直接打开相应的程序、文件夹、文档或Internet资源（如打开记事本），可以直接在文本框中输入“notepad”，也可以单击“浏览”按钮进行搜索。

(2) 通过“任务管理器”的“性能”选项卡了解计算机的各种性能。

第3单元 Word 2016 文字处理软件

实训1 文档格式化与排版

一、实训目的

◇掌握 Word 文档的建立、保存与打开方法。
◇掌握 Word 文本和段落的格式设置。
◇掌握项目符号设置。
◇掌握文本的查找与替换方法，包括高级查找与替换。
◇掌握分栏设置。
◇掌握公式输入方法。

二、实训步骤

任务1 熟悉 Word 2016 工作界面

提示：单击主窗口上某一主菜单项，如“文件”，注意到其下拉菜单结尾处的向下双箭头按钮，鼠标指向它便会展开整个菜单。

任务2 文本输入

新建文档 word1. doc，并在该文档中输入下面矩形框的文本。

8086/8088CPU 的 BIU 和 EU 从功能上看，8086 分为两个部分——总线接口部件（Bus Interface Unit，BIU）和执行部件（Execution Unit，EU） BIU 的功能是负责与存储器、I/O 端口传送数据，即 BIU 要从内存取指令到指令队列；当 CPU 执行指令时，BIU 要配合 EU 从指定的内存单元或者外设端口取数据，将数据传送给 EU，或者把 EU 的操作结果传送到指定的内存单元或者外设端口。 EU 的功能是执行指令。EU 从指令队列中取出指令代码，将其译码，发出相应的控制信息。数据在 ALU 中进行运算，运算结果的特征保留在标志寄存器 FLAGS 中。

任务 3　文本格式设置

将标题段（“8086/8088CPU 的 BIU 和 EU”）的中文设置为四号红色宋体，英文设置为四号红色 Arial 字体；标题段居中，字符间距加宽 2 磅。

提示：选中标题段，在【开始】功能区的【字体】分组中，单击右侧的下三角对话框启动器按钮，弹出“字体”对话框。在“字体”选项卡中，设置“中文字体”为“宋体”，设置“西文字体”为“Arial”，设置“字号”为“四号”，设置“字体颜色”为“红色”；在“高级”选项卡的“间距”中选择“加宽”，在“磅值”中输入“2”，单击“确定”按钮。

任务 4　添加项目符号

将标题段（“8086/8088CPU 的 BIU 和 EU”）添加项目符号“◆”，字体为红色，字号为四号。

提示：选中标题段，在【开始】功能区的【段落】分组中单击项目符号“◆”，选中“◆”，在“字体”选项卡中，设置字体颜色为“红色”，设置“字号”为“四号”。

任务 5　段落格式设置

将正文各段文字（“从功能上看……FLAGS 中。”）的中文设置为五号仿宋，英文设置为五号 Arial 字体；各段落首行缩进 2 字符，段前间距为 0.5 行。

提示：

(1) 选中正文各段（标题段不要选），在【开始】功能区的【字体】分组中，单击右侧的下三角对话框启动器按钮，弹出“字体”对话框。在“字体”选项卡中，设置“中文字体”为“仿宋”，设置“西文字体”为“Arial”，设置“字号”为“五号”，单击“确定”按钮。

(2) 选中正文各段（标题段不要选），在【开始】功能区的【段落】分组中，单击“段落”按钮，弹出“段落”对话框。单击“缩进和间距”选项卡，在“特殊格式”中选择“首行缩进”，在“磅值”中选择“2 字符”，在“段前间距”中输入“0.5”，单击“确定”按钮。

任务 6　文本查找和替换

为文中所有“数据”一词加粗并添加着重号。

提示：选中全部文本（包括标题段），在【开始】功能区的【编辑】分组中，单击“替换”按钮，弹出“查找和替换”对话框。在“替换”选项卡中，设置“查找内容”为“数据”，设置“替换为”为“数据”，单击“更多”按钮，再单击“格式”按钮，在弹出的菜单中选择“字体”选项，弹出“查找字体”对话框。设置“着重号”为“.”，单击“确定”按钮返回“查找和替换”对话框，单击“全部替换”按钮，稍后弹出消息框，单击“确定”按钮。

任务 7　分栏设置

将正文第三段（“EU 的功能是……FLAGS 中。”）分为等宽的两栏，栏宽 18 字符，栏间加分隔线。

提示：选中正文第三段，在【页面布局】功能区的【页面设置】分组中，单击“分栏”下拉列表，选择“更多分栏”选项，弹出“分栏”对话框，选择“预设”选项组中的“两栏”图标，在“宽度”中输入“18”，勾选“栏宽相等”，勾选“分隔线”，单击“确定”按钮。

任务 8　公式输入

新建一个 Word 文档，输入下面的公式：

$$\begin{cases} a_{11}x^2+a_{12}y^2=a_{13} \\ a_{21}x^2+a_{22}y^2=a_{23} \end{cases}$$

实训2 表格制作与格式化

一、实训目的

◇掌握表格创建方法。

◇掌握表格编辑、格式化方法。

◇掌握表格中数据排序方法。

◇掌握公式在表格中的应用。

二、实训步骤

任务1 创建表格

请创建如下的表格：

学号	微机原理/分	计算机体系结构/分	数据库原理/分
99050219	80	89	82
99050215	57	73	62
99050222	91	62	86
99050232	66	82	69
99050220	78	85	86

任务2 公式计算

在表格最后一行的“学号”列中输入“平均分”；并在最后一行相应单元格内填入该门课的平均分。

提示：单击表格最后一行第2列，在【表格工具】|【布局】选项卡下，在【数据】组中，单击“fx公式”按钮，弹出“公式”对话框，在“公式”中输入“＝AVERAGE（ABOVE）”，单击“确定”按钮返回编辑界面中。

注：AVERAGE（ABOVE）中的ABOVE表示对上方的数据进行求平均计算，按此步骤反复进行，直到完成所有列的计算。

任务3 数据排序

将表中的第2行至第6行按照学号的升序排序。

提示：在【布局】选项卡的【数据】组中，单击“排序”按钮，在“排序”对话框中的“主要关键字”中选择“列1”，选中“升序”单选按钮，设置完成后，单击“确定”按钮。

任务 4　设置表格文本格式

将表格中的所有内容设置为五号宋体、水平居中。

提示：(1) 在【开始】选项卡下，在【字体】组中，单击右侧的下三角对话框启动器，弹出“字体”对话框，单击“字体”选项卡，在“中文字体”中选择“宋体”，在“字号”中选择“五号”，单击“确定”按钮返回编辑界面中；

(2) 选中整个表格，在【开始】选项卡下，在【段落】组中，单击“居中”按钮。

任务 5　设置表格列宽

设置表格列宽为 3 厘米、表格居中。

提示：选中表格，在【表格工具】|【布局】选项卡下，在【单元格大小】组中，单击右侧的下三角对话框启动器，打开“表格属性”对话框，单击“列”选项卡，勾选“指定宽度”，设置其值为“3 厘米”，单击“确定”按钮返回编辑界面中。

任务 6　设置表格边框样式

设置外框线为 1.5 磅蓝色（标准色）双窄线、内框线为 1 磅蓝色（标准色）单实线。

提示：单击表格，在【表格工具】|【设计】选项卡下，在【绘图边框】组中设置“笔画粗细”为“1.5 磅”，设置“笔样式”为“双窄线”，设置“笔颜色”为“蓝色”，此时鼠标变为“小蜡笔”形状，沿着边框线拖动设置外边框的属性；设置完外框线后按同样方法设置内边框。

注：当鼠标单击“绘制表格”按钮后，鼠标变为“小蜡笔”形状，选择相应的线型和宽度，沿边框线拖动小蜡笔便可以对边框线属性进行设置。

任务 7　设置单元格底纹

设置表格第一行，底纹填充主题颜色为“橙色，强调文字颜色 6，淡色 60%”。

提示：选中表格第一行，右击，弹出快捷菜单，在快捷菜单中选择“边框和底纹”选项，弹出【边框和底纹】对话框，在对话框中选择【底纹】选项卡，然后再“填充”中选择主题颜色为“橙色，强调文字颜色 6，淡色 60%”，单击“确定”按钮完成设置，最后保存文件。

实训 3　综合练习 1

一、实训目的

✧ 掌握 Word 文档的基本编辑技术，包括文本的移动、复制、替换操作。

✧ 掌握 Word 文档文字格式、段落格式、页面格式的设置。

✧ 掌握 Word 文档首字下沉的设置。

✧ 掌握文本转换为表格的方法，以及表格的设置。

二、实训步骤

【文档开始】

背景 2008—2013 年高考报名人数逐年下降

从背景教育考试院获悉，背景 2013 年高考报名工作已经顺利结束。今年背景高考报名总人数为 72 736，比去年减少 724 人。其中，67 368 人报名参加全国统考，5 368 人报名参加高职单考单招。今年背景市的高考录取率仍将达到 85%左右。

据了解，近几年来背景的高考录取率都维持在 80%到 85%之间，去年超过 84%。至于本科录取率，2011 年背景为 55.9%，2012 年为 54.97%。

中国教育在线资料显示，背景 2008 年高考报名的考生约 11.8 万人，2012 年高考报名的考生约 7.3 万人，比 2011 年少 3 000 多人。这是继 2012 年高考报名总数直降 20%之后，背景市报名高考的考生人数又有下降。这也意味着背景高考报名人数已连续 6 年下降。

2013 年背景市高考批次录取控制线

类别　批次　分数线

文科　第一批　549 分

　　　第二批　494 分

　　　第三批　454 分

理科　第一批　550 分

　　　第二批　505 分

　　　第三批　475 分

专科　提前批文科　150 分

　　　理科　150 分

【文档结束】

任务 1　将文中所有错词“背景”替换为“北京”。

提示：点击开始选项卡，选择编辑组的“替换”命令，或者【Ctrl＋H】快捷键，在查找内容中输入“背景”，替换为“北京”。

任务 2　将正文各段文字（“从北京教育考试院……连续 6 年下降。”）的中文设置为五号宋体，西文设置为五号 Arial 字体。

提示：选择正文内容，点击开始选项卡，选择字体组右下角按钮，中文字体选择为“宋体”，西文字体选择为“Arial”，字号选择为“5 号”。

任务 3　将各段落设置为 1.2 倍行距，段前间距 0.5 行。

提示：选择正文内容，点击开始选项卡，选择段落组右下角按钮，打开段落对话框，选择行距为“多倍行距”，输入值为“1.2”，输入段前距为“0.5 行”。

任务 4　为正文二、三、四自然段（“据了解……连续 6 年下降。”）添加“1，2，3，…”样式的编号。

提示：选中设置的自然段，点击开始选项卡，选择段落组第一排第二个编号按钮，点三角形，选择需要的编号样式。

任务 5　设置正文第一段（“从北京教育考试院……85%左右。”）首字下沉 2 行，距正文 0.3 厘米。

提示：选中该自然段，点击插入选项卡，选择首字下沉选项，输入下沉行数为“2”，距正文距离为“0.3 厘米”。

任务 6　标题段文字（“北京 2008—2013 年高考报名人数逐年下降”）设置为 16 磅、深蓝色（标准色）、宋体、加粗、居中、段后间距 1 行，并设置文字效果的“映像”样式为“预设/映像变体/全映像，8pt 偏移量”。

提示：选中该自然段，点击开始选项卡，选择字体为“宋体”，字号为“16 磅”，点击字母“B”，点击文字颜色后面的三角形，选择标准色“深蓝色”，点击文字效果后面的三角形，选择“映像”中“映像变体”的最后一个效果。选择段落组中“居中对齐”按钮，点击段落组右下角按钮，打开段落对话框，设置段后距为“1 行”。

任务 7　自定义页面纸张大小为“19 厘米（宽）×27 厘米（高度）”。设置页面左、右边距均为 3.5 厘米。

提示：点击页面布局选项卡，选择页面设置“纸张大小”按钮，选择其他页面大小，打开页面设置对话框，在纸张大小中选择“自定义大小”，宽度为“19 厘米”，高度为“27 厘米”，点击“确定”按钮。点击页面设置组中的“页面边距”按钮，选择“自定义边距”，输入左、右边距为“3.5 厘米”，点击“确定”按钮。

任务 8　为页面添加内容为“高考”的文字水印。

提示：点击页面背景组中的“水印”按钮，选择“自定义水印”，打开自定义水印对话框，选择文字水印，输入文本为“高考”，点击“确定”按钮。

任务 9　设置页面颜色为“橙色，强调文字颜色 6，淡色 80%”。

提示：点击页面背景组中的“页面颜色”按钮，选择“橙色，强调文字颜色 6，淡色 80%”。

任务 10 将文中最后 9 行文字转换成一个 9 行 3 列的表格。

提示：拖动选中文本（类别……150 分），点击插入选项卡，选择“表格”按钮，点击选择“文本转换为表格”，文字分隔符号选择“制表符”。

任务 11 设置表格列宽为 3.5 厘米、行高为 0.7 厘米。

提示：选中表格，点击“布局”选项卡，在单元格大小组设置宽度为“3.5 厘米”，高度为“0.7 厘米”。

任务 12 设置表格居中，表格所有文字水平居中。

提示：在表格上点鼠标右键，选择“表格属性”，打开“表格属性对话框”，选择表格对齐方式为“居中”，点击“布局”选项卡，找到对齐方式组选择“水平居中”按钮。

任务 13 分别合并第一列的第二行至第四行、第五行至第七行、第八行至第九行单元格。

提示：选择第一列的第二行至第四行，选择合并组的“合并单元格”命令。选择第一列的第五行至第七行，选择合并组的“合并单元格”命令。选择第一列的第八行至第九行，选择合并组的“合并单元格”命令。

任务 14 设置表格外框线、第一行与第二行之间的表格线为 0.75 磅红色（标准色）双实线，其余表格框线为 0.75 磅红色（标准色）单实线。

提示：选中表格，点击“设计”选项卡，选择“边框”按钮，选择“边框和底纹”命令，打开“边框”对话框，选择“自定义”边框样式，选择线条为“双实线”，颜色为标准色“红色”，磅值为“0.75 磅”，然后点击表格外边框，再选择线条为“单实线”，颜色为标准色“红色”，磅值为“0.75 磅”，然后点击表格内边框，应用于选择“表格”，点击“确定”按钮。选中第一行和第二行单元格，点击“设计”选项卡，选择“边框”按钮，选择“边框和底纹”命令，打开“边框”对话框，选择“自定义”边框样式，选择线条为“双实线”，颜色为标准色“红色”，磅值为“0.75 磅”，然后点击第一行和第二行中间线条，应用于选择“单元格”，点击“确定”按钮。

任务 15 为表格添加“水绿色，强调文字颜色 5，淡色 60%”底纹。

提示：选中表格，点击选择“设计”选项卡，点“底纹”按钮，选择“水绿色，强调文字颜色 5，淡色 60%”。

任务 16 设置表格所有单元格的左、右边距均为 0.2 厘米。

提示：选中表格，点击选择“布局选项卡”，选择对齐方式组“单元格边距”命令，弹出“表格选项”对话框，输入单元格左边距和右边距为“0.2 厘米”。

任务 17 设置表格第一行为“重复标题行”。

提示：选中表格，点击选择“布局选项卡”，选择“重复标题行”命令按钮。

实训4　综合练习2

一、实训目的

✧ 掌握word文档的基本编辑技术，包括文本的移动、复制、替换操作。

✧ 掌握word文档文字格式、段落格式、页面格式的设置。

✧ 掌握word文档页眉、页脚和页码的编辑、首字下沉的设置。

✧ 掌握文本转换为表格的方法，以及表格的设置、表格数据的排序。

✧ 掌握文本超级链接。

二、实训步骤

【文档开始】

中朝第27轮前瞻

北京时间10月5日与6日，2013赛季中朝联赛将进行第27轮赛事。本轮比赛过后，冠军球队和第一支降级球队很可能产生。

6日下午，山东鲁能主场与广州恒大之战是万众瞩目的焦点战，“登顶”与“阻击”是这场比赛的关键词。目前鲁能落后恒大11分，此战必须击败恒大才能阻止对手提前3轮夺冠。刚刚强势挺进亚冠决赛的恒大已高调宣布“本轮在客场登顶”的目标，而鲁能众将也给出了“不让恒大在济南登顶”的强硬态度。鲁能绝对有阻击对手的驱动力，不过，以他们的实力要想击败兵强马壮、势头正劲的恒大，谈何容易！5日下午，青岛中能与武汉卓尔展开保级大战。卓尔如果不能赢球，就将提前三轮降级。中能正是自首回合较量战平卓尔后，开始了连续14轮不胜的颓势，一路落到了积分榜倒数第2位。为了激励球队，据说中能为此战开出了200万元的赢球奖金。而卓尔已提出了“不能在积分榜垫底，要拉中能垫背”的目标。

2013赛季中朝联赛前26轮积分榜（前八名）

名次	队名	胜	平	负	积分
1	广州恒大	21	3	1	66
2	深圳平安	17	4	5	55
3	北京国安	12	7	7	43
4	广州富力	9	6	11	33
5	上海上港	9	5	11	32
6	上海申花	9	11	6	32
7	大连阿尔滨	8	8	10	32

【文档结束】

任务 1 将文中所有错词“中朝”替换为“中超”。

提示：点击开始选项卡，选择编辑组的“替换”命令，或者【Ctrl＋H】快捷键，在查找内容中输入“中朝”，替换为“中超”。

任务 2 将标题段文字（“中超第 27 轮前瞻”）设置为小二号、蓝色（标准色）、黑体、加粗、居中对齐，并添加浅绿色（标准色）底纹。

提示：选择标题段文字，点击开始选项卡，选择字体组字体选择为“黑体”，点击选择 字母“B”，选择“文字颜色”按钮，选择标准色为“蓝色”、字号选择为“小二号”。选择段落组“居中对齐按钮”，选择“底纹”按钮中标准色为“绿色”。

任务 3 设置标题段段前、段后间距均为 0.5 行。

提示：选择标题段，点击开始选项卡，选择段落组右下角按钮，打开段落对话框，输入段前距和段后距为“0.5 行”。

任务 4 设置正文各段落（“北京时间……目标。”）左、右各缩进 1 字符、段前间距 0.5 行。

提示：选中正文，点击开始选项卡，选择段落组右下角按钮，打开段落对话框，输入左、右缩进为“1 字符”，段前距为“0.5 行”。

任务 5 设置正文第一段（“北京时间……产生。”）首字下沉 2 行（距正文 0.2 厘米）。

提示：选中该自然段，点击插入选项卡，选择首字下沉选项，距正文距离为“0.2 厘米”。

任务 6 正文第二、三自然段落（“6 日下午……目标。”）首行缩进 2 字符；将正文第三段（“5 日下午……目标。”）分为等宽 2 栏，并添加栏间分隔线。

提示：选中第二自然段，点击开始选项卡，点击段落组右下角按钮，打开段落对话框，选择特殊格式为“首行缩进”，输入为“2 字符”。选中第三自然段，点击“页面布局”选项卡，选择“页面设置”组，选择“分栏”按钮中的更多分栏命令，打开分栏对话框，选择“两栏”，将分隔线前面的“复选”按钮选中。

任务 7 自定义页面纸张大小为“19.5 厘米（宽）×27 厘米（高度）”。设置页面左、右边距均为 3.5 厘米。

提示：点击页面布局选项卡，选择页面设置“纸张大小”按钮，选择其他页面大小，打开“页面设置”对话框，在纸张大小中选择“自定义大小”，宽度为“19.5 厘米”，高度为“27 厘米”，点击“确定”按钮。点击页面设置组中的“页面边距”按钮，选择“自定义边距”，输入左、右边距为“3.5 厘米”，点击“确定”按钮。

任务 8 为页面添加 1 磅、深红色（标准色）、“方框”型边框。

提示：点击页面背景组中的“页面边框”按钮，打开页面边框对话框，选择“方框”型边框，选择标准色“红色”，磅值为“1 磅”，点击“确定”按钮。

任务 9 插入页眉，并在其居中位置输入页眉内容“体育新闻”。

提示：选择插入选项卡，点击页眉和页脚组中的“页面”按钮，选择“编辑页面”，输入文字“体育新闻”，点击开始选项卡，选择段落组中的“居中”按钮。

任务10　将文中最后8行文字转换成一个8行6列的表格。

提示：拖动选中文本（名次……32），点击插入选项卡，选择“表格”按钮，点击选择“文本转换为表格“，文字分隔符号选择“制表符”。

任务11　设置表格第一、第三至第六列列宽为1.5厘米，第二列列宽为3厘米，所有行高为0.7厘米。

提示：鼠标分别放在第一、第三至第六列，点击“布局”选项卡，在单元格大小组设置宽度为“1.5厘米”，高度为“0.7厘米”，鼠标放在其余列，输入列宽为“3厘米”。

任务12　设置表格居中，表格所有文字水平居中。

提示：在表格上点鼠标右键，选择“表格属性”，打开“表格属性对话框”，选择表格对齐方式为“居中”，点击“布局”选项卡，找到对齐方式组选择“水平居中”按钮。

任务13　在表格第四、五行之间插入一行，并输入各列内容分别为“…4”“贵州人和”“加”“11”“…5”“41”。

提示：鼠标放在表格第四行，选择“布局”选项卡，选择行和列组中的“在下方插入行”按钮，输入各列内容分别为“…4”“贵州人和”“加”“11”“…5”“41”。

任务14　设置表格外框线为0.75磅红色（标准色）双窄线，内框线为0.5磅红色（标准色）单实线。

提示：选中表格，点击“设计”选项卡，选择“边框”按钮，选择“边框和底纹”命令，打开“边框”对话框，选择“自定义”边框样式，选择线条为“双实线”，颜色为标准色“红色”，磅值为“0.75磅”，然后点击表格外边框，再选择线条为“单实线”，颜色为标准色“红色”，磅值为“0.5磅”，然后点击表格内边框，应用于选择“表格”，单击“确定”按钮。

任务15　为表格第一行添加“白色，强调文字颜色5，淡色40%”底纹。

提示：选中表格第一行，点击选择“设计”选项卡，点击“底纹”按钮，选择“白色，强调文字颜色5，淡色40%”。

任务16　按“平”列依据“数字”类型降序排列表格内容。

提示：选中表格，点击选择“布局选项卡”，选择“排序”命令，弹出“排序”对话框，选择主要关键字为“平”，并选择降序排列数据。

任务17　为表格中的文字“广州恒大”添加超级链接，链接到“http://www.gzevergrandefc.com/”网页。

提示：选中表格文字“广州恒大”，点击插入选项卡，选择链接组中的超级链接对话框，在弹出的“插入超级链接”对话框的地址栏输入网页地址“http://www.gzevergrandefc.com/”。

实训5　综合练习3

一、实训目的

✧ 掌握 Word 文档的基本编辑技术，包括文本的移动、复制、替换操作。

✧ 掌握 Word 文档文字格式、段落格式、页面格式的设置。

✧ 掌握 Word 文档首字下沉的设置。

✧ 掌握文本转换为表格的方法，以及表格的设置、表格数据的排序。

✧ 掌握文本超级链接。

✧ 掌握尾注和脚注的区别。

二、实训步骤

【文档开始】

推进利率市场化和灰绿形成机制改革

中国人民银行货币政策委员会 2013 年第三季度例会日前在北京召开。会议分析了当前国内外经济金融形势。会议认为，当前我国经济金融运行总体平稳，物价形势基本稳定，但也面临不少困难和挑战；全球经济有所好转，但形势依然错综复杂。

会议强调，要认真贯彻落实党的十八大、中央经济工作会议和国务院常务会议精神，密切关注国际国内经济金融最新动向和国际资本流动的变化，按照保持宏观经济政策稳定性、连续性的总体要求，在继续实施稳健的货币政策的同时，着力增强政策的针对性、协调性，适时适度进行预调微调，把握好稳增长、调结构、促改革、防风险的平衡点，优化金融资源配置，用好增量、盘活存量，为经济结构调整与转型升级创造稳定的金融环境和货币条件，更好地服务实体经济发展。进一步推进利率市场化改革，更大程度发挥市场机制在资源配置中的基础性作用。继续推进人民币灰绿形成机制改革，保持人民币灰绿在合理均衡水平上的基本稳定。

本次会议由中国人民银行行长兼货币政策委员会主席周小川主持，货币政策委员会委员肖捷、王保安、胡晓炼、易纲、潘功胜、尚福林、肖钢、项俊波、胡怀邦、钱颖一、陈雨露、宋国青出席会议，朱之鑫、马建堂因公务请假。中国人民银行天津分行和南京分行负责同志列席了会议。

近年来人民币灰绿中间价变化情况

日期　USD/RMB　EUR/RMB　JPY/RMB　HKD/RMB　GBP/RMB

2006/12/31　780.87　1026.365　6.5630　100.467　1532.32

2007/12/31	730.46	1026.69	6.406	493.638	1458.07
2008/12/31	683.46	965.90	7.5650	88.189	987.98
2009/12/31	682.27	979.71	7.3782	88.048	987.98
2010/12/31	662.27	880.65	8.1260	85.093	1021.82
2011/12/31	630.09	816.25	8.1103	81.070	971.16
2012/12/31	628.55	831.76	7.3049	81.085	1016.11

【文档结束】

任务 1　将文中所有错词“灰绿”替换为“汇率”，并添加着重号。

提示：点击开始选项卡，选择编辑组的“替换”命令或者【Ctrl＋H】快捷键，在查找内容中输入“灰绿”，替换为“汇率”，并点击更多按钮，选择替换“格式”中的“字体”按钮，打开“字体对话框”，选择着重号。

任务 2　将标题段文字（“推进利率市场化和汇率形成机制改革”）设置为二号、深红色（标准色）、黑体、加粗、居中、段后间距 1 行，并添加深蓝色（标准色）双波浪下画线。设置标题段文字效果的“阴影”样式为“预设/外部/向右偏移”。

提示：选择标题段文字，点击开始选项卡，选择字体为“黑体”，点击选择字母“B”，选择文字颜色按钮，选择标准色为“深红色”、字号选择为“二号”。点击选择字母“u”按钮，选择“更多下划线”，在弹出的“字体”对话框，选择“双波浪下划线”。点击“文字效果”按钮，选择“阴影”命令，选择“向右偏移”命令。选择段落组“居中对齐按钮”，选择段落组右下角按钮，打开段落对话框，在弹出的对话框中输入段后距为“1 行”。

任务 3　设置正文各段落文字（“中国人民银行……会议。”）为小四号宋体、1.1 倍行距。

提示：选择正文各自然段，点击开始选项卡，选择字体组“字体”为“宋体”，字号为“小四”，选择段落组右下角按钮，打开段落对话框，选择行距为“多倍行距”，输入“1.1”。

任务 4　设置正文第一段（“中国人民银行……错综复杂。”）首字下沉 2 行，距正文 0.3 厘米。

提示：选中正文，点击插入选项卡，选择“首字下沉”按钮，打开首字下沉对话框，输入下沉行数为“2 行”，距正文为“0.3 厘米”。

任务 5　为正文二、三段落（“会议强调……会议。”）添加项目符号“●”。

提示：选中该自然段，点击开始选项卡，选择段落组“项目符号”按钮，选择“●”。

任务 6　页面颜色为“水绿色，强调文字颜色 5，淡色 80%”。

提示：选中第二自然段，点击页面布局选项卡，点击页面背景组页面颜色按钮，选择“水绿色，强调文字颜色5，淡色80%”。

任务7 设置页面纸张大小为“A4”，页面左、右边距均为3.5厘米。

提示：点击页面布局选项卡，选择页面设置“纸张大小”按钮，选择“A4”。点击页面设置组中的“页面边距”按钮，选择“自定义边距”，输入左、右边距为“3.5厘米”，点击“确定”按钮。

任务8 将文中最后8行文字转换成一个8行6列的表格。

提示：拖动选中文本（日期……1161.11），点击插入选项卡，选择“表格”按钮，点击选择“文本转换为表格”，文字分隔符号选择“制表符”。

任务9 设置表格列宽为2.3厘米、行高为0.7厘米。

提示：选中表格，点击“布局”选项卡，在单元格大小组设置宽度为“2.3厘米”，高度为“0.7厘米”。

任务10 设置表格居中，表格第一行和第一列文字水平居中，其余表格文字中部右对齐。

提示：在表格上点鼠标右键，选择“表格属性”，打开“表格属性对话框”，选择表格对齐方式为“居中”。选中第一行点击“布局”选项卡，找到对齐方式组选择“水平居中”按钮。选中第一列点击“布局”选项卡，找到对齐方式组选择“水平居中”按钮。选中其他行和列点击“布局”选项卡，找到对齐方式组选择“右对齐”按钮。

任务11 为表题段（“近年来人民币汇率中间价变化情况”）添加脚注，脚注内容为“数据来源：中国人民银行”。

提示：选中表标题段，点击“引用”选项卡，在脚注组中点击选择“插入脚注”按钮，输入脚注内容“数据来源：中国人民银行”。

任务12 设置表格外框线为1.5磅深蓝色（标准色）单实线，内框线为1磅深蓝色（标准色）单实线。

提示：选中表格，点击“设计”选项卡，选择“边框”按钮，选择“边框和底纹”命令，打开“边框”对话框，选择“自定义”边框样式，选择线条为“单实线”，颜色为标准色“深蓝色”，磅值为“1.5磅”，然后点击表格外边框，再选择线条为“单实线”，颜色为标准色“深蓝色”，然后点击表格内边框，应用于选择“表格”，单击“确定”按钮。

任务13 为表格第一行添加“水绿色，强调文字颜色5，淡色40%”底纹。

提示：选中表格第一行，点击选择“设计”选项卡，点“底纹”按钮，选择“水绿色，强调文字颜色5，淡色40%”。

任务14 设置表格所有单元格的左、右边距均为0.2厘米。

提示：选中表格，点击选择“布局选项卡”，选择单元格组“单元格边距”命令，弹出“表格选项”对话框，输入左右边距均为“0.2厘米”。

任务 15　为最后一行下方插入行的一行，第一列输入平均两个字，后面各列计算该币种兑换平均值（用 AVERAGE 函数）

提示：鼠标放在最后一行，选择“布局”选项卡，行和列组中的“在下方插入行”按钮，在第一列输入“平均”。第二列选择“布局选项卡”中的“公式”按钮，弹出的“公式对话框”中，将已有公式删除，保留等号键，粘贴公式“AVERAGE”，输入参数在括号中参数为“b2，b3，b4，b5，b6，b7，b8”，其余各列方法相同，只需修改参数。

第 4 单元　Excel 2016 电子表格软件的应用

实训 1　工作表创建与格式化

一、实训目的

✧ 掌握 Excel 工作簿建立、保存与打开。
✧ 掌握工作表中数据的输入。
✧ 掌握工作表的格式化方法。
✧ 掌握公式和函数的使用。
✧ 掌握数据的编辑修改。
✧ 掌握工作表的重命名。
✧ 掌握图表的生成方法。

二、实训步骤

任务 1　新建工作簿

新建一个“学生情况 . xlsx”工作簿文件。

提示：启动 Excel 2016，系统自动新建一个工作簿文件 Book1. xlsx。利用另存为对话框可修改工作簿的名字。

任务 2　数据输入

在 Sheet1 中输入如图 4-1 所示的数据清单。

	A	B	C	D	E	F	G
1	某大学在校生专业情况表						
2	专业	一年级	二年级	三年级	四年级	总计	专业总人数所占比例
3	通信工程	391	386	396	395		
4	自动化	232	227	235	238		
5	软件工程	168	171	165	170		
6	计算机科学与技术	308	317	311	320		
7	法学	112	109	108	118		
8	英语	109	102	98	99		
9	数学	142	146	142	148		
10	物理	139	143	145	151		

图 4-1　数据清单

提示：输入批量数据时，建议不要采取单击编辑栏后再输入，因为这样效率低，既费时又费力，可利用【Enter】键提高数据输入。

任务3　单元格格式设置

将Sheet1工作表的A1：G1单元格合并为一个单元格，内容水平居中。

提示：选中Sheet1工作表的A1：G1单元格，在【开始】功能区的【对齐方式】分组中，单击右侧的下三角对话框启动器，弹出“设置单元格格式”对话框，单击“对齐”选项卡中“文本对齐方式”下的“水平对齐”下三角按钮，从弹出的下拉列表框中选择“居中”，勾选“文本控制”下的“合并单元格”复选框，单击“确定”按钮。

任务4　公式计算

计算“总计”列和“专业总人数所占比例”列（百分比型，保留小数点后2位）的内容。

提示：在F3单元格中输入“＝SUM（B3：E3）”并按【Enter】键，然后将鼠标移动到F3单元格的右下角，按住鼠标左键不放向下拖动到F10单元格，即可计算出各行的总值。在G3单元格中输入“＝F3/SUM（F3：F10）”并按【Enter】键，然后将鼠标移动到G3单元格的右下角，按住鼠标左键不放向下拖动到F10单元格，即可计算出各专业人数占总人数比例的值；选中单元格区域G3：G10，在【开始】功能区的【字体】组中，单击右侧的下三角对话框启动器，弹出“设置单元格格式”对话框，单击“数字”选项卡，在“分类”下选择“百分比”，在“小数位数”微调框中输入“2”，单击“确定”按钮。

任务5　条件格式设置

利用条件格式的“绿、黄、红”色阶修饰表G3：G10单元格区域。

提示：选中单元格区域G2：G10，单击【开始】功能区的【样式】组的“条件格式”按钮，从弹出的下拉列表中选择“色阶”中的“绿、黄、红”色阶。

任务6　图表生成

选择“专业”和“专业总人数所占比例”两列数据区域的内容建立“分离型三维饼图”，图表标题为“专业总人数所占比例统计图”，图例位置靠左；将图插入表A12：G28单元格区域。

提示：（1）按住【Ctrl】键同时选中“专业”列（A2：A10）和“专业总人数所占比例”列（G2：G10）数据区域的内容，在【插入】功能区的【图表】组中单击“饼图”按钮，在弹出的下拉列表中选择“三维饼图”下的“分离型三维饼图”。

（2）把图表标题“专业人数所占比例”更改为“专业人数所占比例统计图”；在【图表工具】|【布局】功能区中，单击【标签】组中的“图例”按钮，在弹出的下拉列表中选择“其他图例选项”，弹出“设置图例格式”对话框，在“图例选项”中单击“图例位置”下的“靠左”单选按钮，然后单击“关闭”按钮。

(3) 选中图表，按住鼠标左键单击图表不放并拖动图表，使图表的左上角在 A12 单元格区域内，调整图表区大小使其在 A12：G28 单元格区域内。

任务 7　重命名工作表

将工作表命名为“在校生专业情况统计表”，保存“学生情况. xlsx”文件。

提示：将鼠标移动到工作表下方的表名处，双击“Sheet1”并输入“在校生专业情况统计表”。

任务 8　边框样式设置

为工作表加红色双实线外边框和黑色单实线内边框样式。

提示：(1) 选中 A1：G10 单元格区域，单击鼠标右键，选中“设置单元格格式”对话框，在“设置单元格格式”对话框中选择边框选项卡，线条选择“双实线”，颜色选择“红色”，预置选择“外边框”。

(2) 线条选择“单实线”，颜色选择“黑色”，预置选择“内边框”，单击“确定”按钮。

实训2　工作表数据处理

一、实训目的

✧掌握数据排序方法。

✧掌握数据筛选方法。

二、实训步骤

任务1　工作表创建

快速输入如图4-2所示的工作表，工作表名称为“计算机动画技术成绩单”。

	A	B	C	D	E	F
1	系别	学号	姓名	考试成绩	实验成绩	总成绩
2	信息	991021	李新	74	16	90
3	计算机	992032	王文辉	87	17	104
4	自动控制	993023	张磊	65	19	84
5	经济	995034	郝心怡	86	17	103
6	信息	991076	王力	91	15	106
7	数学	994056	孙英	77	14	91
8	自动控制	993021	张在旭	60	14	74
9	计算机	992089	金翔	73	18	91
10	计算机	992005	扬海东	90	19	109
11	自动控制	993082	黄立	85	20	105
12	信息	991062	王春晓	78	17	95
13	经济	995022	陈松	69	12	81
14	数学	994034	姚林	89	15	104
15	信息	991025	张雨涵	62	17	79
16	自动控制	993026	钱民	66	16	82
17	数学	994086	高晓东	78	15	93
18	经济	995014	张平	80	18	98
19	自动控制	993053	李英	93	19	112
20	数学	994027	黄红	68	20	88

图4-2　计算机动画技术成绩单

任务2　数据排序

将工作表按“系别”字段降序排序。

提示：选中工作表，在【开始】功能区的【编辑】组中单击“降序”。

任务3　数据筛选

对数据清单的内容进行筛选，条件是：实验成绩15分及以上，总成绩在80分到100分之间（含80分和100分）的数据，工作表名不变，保存该工作簿。

提示：(1) 单击E1单元格中的下三角按钮，在弹出的下拉列表中选择“数字筛选”命令，在打开的子列表中选择“大于或等于”命令，弹出“自定义自动筛选方式”对话框，单击“大于或等于”右侧文本框后面的下三角按钮，在打开的列表中选择“15”，单击“确定”按钮。

（2）单击 F1 单元格中的下三角按钮，在弹出的下拉列表中选择“数字筛选”命令，在打开的子列表中选择“大于或等于”命令，弹出“自定义自动筛选方式”对话框，在“大于或等于”右侧文本框中输入“80”，选中“与”单选按钮，单击下面左侧文本框后面的下三角按钮，在打开的列表中选择“小于或等于”，在右侧文本框中输入“100”，单击“确定”按钮。

（3）保存工作簿。

第 5 单元　Powerpoint 2016 演示文稿的应用

实训 1　幻灯片编辑 1

一、实训目的

✧ 熟悉 Powerpoint 2016 窗口的基本组成。

✧ 掌握文本的输入与格式操作。

✧ 掌握演示文稿动画设置。

✧ 掌握演示文稿背景设置。

✧ 掌握演示文稿放映方式。

二、实训步骤

任务 1　创建演示文稿

创建名为“中国的 DXF 100 地效飞机”的演示文稿。

提示：选择开始菜单｜所有程序｜Microsoft Office｜ Microsoft Powerpoint 2016，在 Powerpoint 2016 窗口中点击“保存”按钮，输入“中国的 DXF 100 地效飞机”，最后点击“确定”按钮。

任务 2　文本输入与格式

在幻灯片的标题区中输入“中国的 DXF100 地效飞机”，文字设置为“黑体”、“加粗”、54 磅字、红色（RGB 模式：红色 255，绿色 0，蓝色 0）。插入版式为“标题和内容”的新幻灯片，作为第二张幻灯片。第二张幻灯片的标题内容为“DXF100 主要技术参数”，文本内容为“可载乘客 15 人，装有两台 300 马力航空发动机。”

提示：

(1) 在幻灯片的标题区中输入“中国的 DXF100 地效飞机”，选中文字“中国的 DXF100 地效飞机”，在【开始】功能区的【字体】组中单击右侧的下三角对话框启动器，弹出“字体”对话框。单击“字体”选项卡，在“中文字体”中选择“黑体”，在“大小”中选择“54”，在“字体样式”中选择“加粗”，在“字体颜色”中选择“其他颜色”，弹出“颜色”对话框，单击“自定义”选项卡，在“红色”中输入“255”，在

“绿色”中输入“0”，在“蓝色”中输入“0”，单击“确定”按钮后，再单击“确定”按钮。

(2) 在【开始】功能区单击【幻灯片】组中的“新建幻灯片”按钮，在弹出的下拉列表框中选择“标题和内容”作为第二张幻灯片。输入标题内容为“DXF100 主要技术参数”，文本内容为“可载乘客 15 人，装有两台 300 马力航空发动机。”

任务 3　插入图片

在第一张幻灯片中插入“中国的 DXF100 地效飞机”图片。

提示：在【插入】功能区单击【图像】组中的“图片按钮”，找到图片路径，单击“确定”按钮。

任务 4　动画设置

第一张幻灯片中的飞机图片动画设置为“进入”“飞入”，效果选项为“自右侧”。

提示：选中第一张幻灯片中飞机图片，在【动画】功能区的【动画】组中单击“其他”下三角按钮，在展开的效果样式库中选择“飞入”。在【动画】组中，单击“效果选项”按钮，选中“自右侧”。

任务 5　插入和编辑新幻灯片

在第二张幻灯片前插入一个版式为“空白”的新幻灯片，并在位置（水平：5.3 厘米，自：左上角，垂直：8.2 厘米，自：左上角）插入样式为“填充－蓝色，强调文字颜色 2，粗糙棱台”的艺术字“DXF100 地效飞机”，文字效果为“转换－弯曲－倒 V 形”。

提示：

(1) 在普通视图下，单击第一张和第二张幻灯片之间，在【开始】功能区的【幻灯片】组中，单击“新建幻灯片”按钮，在弹出的下拉列表中选择“空白”。单击【插入】功能区【文本】组中的“艺术字”按钮，在弹出的下拉列表框中选择样式为“填充－蓝色，强调文字颜色 2，粗糙棱台”，在文本框中输入“DXF100 地效飞机”。

(2) 选中艺术字文本框，右击，在弹出的快捷菜单中选择“大小和位置”，弹出“设置形状格式”对话框，设置位置为“水平：5.3 厘米，自：左上角，垂直：8.2 厘米，自：左上角”，单击“关闭”按钮。

(3) 单击【格式】功能区【艺术字样式】组中的“文本效果”按钮，在弹出的下拉列表中选择“转换”，再选择“弯曲”下的“倒 V 形”。

在第二张幻灯片前插入一版式为“空白”的新幻灯片，并在位置（水平：5.3 厘米，自：左上角，垂直：8.2 厘米，自：左上角）插入样式为“填充－蓝色，强调文字颜色 2，粗糙棱台”的艺术字“DXF100 地效飞机”，文字效果为“转换－弯曲－倒 V 形”。

任务6　背景设置

第二张幻灯片的背景预设颜色为“雨后初晴”，类型为“射线”，并将该幻灯片移为第一张幻灯片。

提示：(1) 选中第二张幻灯片，右击，在弹出的快捷菜单中选择“设置背景格式”，弹出“设置背景格式”对话框，在“填充”选项下选中“渐变填充”单选按钮，单击“预设颜色”按钮，在弹出的下拉列表框中选择“雨后初晴”，“类型”为“射线”，单击“关闭”按钮。

(2) 在普通视图下，按住鼠标左键，拖曳第二张幻灯片到第一张幻灯片前。

任务7　设置幻灯片切换和浏览模式

全部幻灯片切换方案设置为“时钟”，效果选项为“逆时针”。放映方式为“观众自行浏览”。

提示：

(1) 为全部幻灯片设置切换方案。选中第一张幻灯片，在【切换】功能区的【切换到此幻灯片】分组中，单击“其他”下三角按钮，在弹出的下拉列表中选择“华丽型”下的“时钟”，单击“效果选项”按钮，选择“逆时针”，再单击“计时”组中的“全部应用”按钮。

(2) 设置放映方式。在【幻灯片放映】功能区的【设置】组中单击“设置幻灯片放映”按钮，弹出“设置放映方式”对话框，在“放映类型”选项下选中“观众自行浏览(窗口)”单选按钮，再单击“确定”按钮。

(3) 保存演示文稿。

实训 2 幻灯片编辑 2

一、实训目的

✧ 掌握幻灯片切换设置。

✧ 掌握幻灯片版式设置。

✧ 掌握幻灯片动画设置。

✧ 掌握幻灯片文本输入和编辑。

二、实训步骤

打开 5-1. PPTX，按要求完成以下操作。

任务 1 使用“视点”主题修饰全文，全部幻灯片切换方案为“蜂巢”。

任务 2 在第二张幻灯片前插入版式为“两栏内容”的新幻灯片。

任务 3 将第三张幻灯片的标题移到第二张幻灯片标题区，在左侧内容区输入文本“欧洲风格的装修模式，包括法式风格、意大利风格、西班牙风格、北欧风格、英伦风格和地中海风格等几大流派，是近年来高档楼盘和别墅豪宅装修的主要风格”。将图片文件 5-1. jpg 插入第二张幻灯片右侧的内容区。调整好文字的字体、大小、颜色和样式以及段落行距等。适当调整图片的大小和位置，使版面布局协调美观。

任务 4 将第二张幻灯片中图片的动画效果设置为“进入”—“螺旋飞入”，文字动画设置为“进入”—“飞入”，效果选项为“自左下部”。动画顺序为先文字后图片。

任务 5 将第三张幻灯片版式改为“标题幻灯片”，主标题输入“装修风格”，设置为“黑体”、55 磅字，副标题键入“Decoration style”，设置为“楷体”、33 磅字。移动第三张幻灯片，使之成为整个演示文稿的第一张幻灯片。

任务 6 完善其他对象动画，将修改后的 PPT 另存到 D 盘，文件名为“5-1-学号姓名 . PPTX”。

实训 3 幻灯片编辑 3

一、实训目的

✧ 掌握幻灯片主题设置。

✧ 掌握幻灯片文本输入和编辑。

✧ 掌握图片的插入和编辑。

✧ 掌握幻灯片版式设置。

✧ 掌握幻灯片动画设置。

✧ 掌握幻灯片背景设置。

二、实训步骤

打开 5-2. PPTX，按要求完成以下操作。

任务 1 使用“平衡”主题修饰全演示文稿。

任务 2 在第一张幻灯片的标题区中输入“我的旅行日记”，文字设置为“黑体”、“加粗”、54 磅字、白色（RGB 模式：红色 255，绿色 255，蓝色 255）。将图片动画设置为“进入”—“飞入”，效果选项为“自右侧”。文字效果为“进入”—“展开”。动画顺序为文字和图片同时出现。

任务 3 插入版式为“内容与标题”的新幻灯片，作为第二张幻灯片。标题内容为“面朝大海，春暖花开”，文本内容为“陌生人，我也为你祝福，愿你有一个灿烂的前程，愿你在尘世获得幸福。”根据版面调整好文字的字体、大小、颜色和样式以及段落行距等。将图片文件 5-2. jpg 插入右侧的内容区，根据版面适当调整图片的大小和位置，将图片的颜色饱和度调整为 125%。

任务 4 在第二张幻灯片前插入一版式为“空白”的新幻灯片，并在位置（水平：5.3 厘米，自：左上角，垂直：8.2 厘米，自：左上角）插入样式为“填充—红色，强调文字颜色 2，粗糙棱台”的艺术字“梦想，并不奢侈，只要勇敢地迈出第一步”，文字效果为“转换—弯曲—双波形 1”，艺术字宽度为 18 厘米。

任务 5 第二张幻灯片的背景预设颜色为“雨后初晴”，类型为“射线”，并将该幻灯片移为第一张幻灯片。将第一张幻灯片的切换方式设置为“百叶窗”，垂直方向。其他所有幻灯片切换方案设置为“时钟”，效果选项为“逆时针”。放映方式为“观众自行浏览”。

任务 6 完善其他对象动画，将修改后的 PPT 另存到 D 盘，文件名为“5-2-学号姓名 . PPTX”。

实训4 幻灯片编辑4

一、实训目的

✧ 掌握幻灯片切换设置。

✧ 掌握幻灯片文本输入和编辑。

✧ 掌握图片的插入和编辑。

✧ 掌握幻灯片动画设置。

✧ 掌握幻灯片背景设置。

二、实训步骤

打开5-3.PPTX，按要求完成以下操作。

任务1 使用“波形”主题修饰全文，全部幻灯片切换方案为“百叶窗”，效果选项为“垂直”。

任务2 在最后一张幻灯片前插入一张版式为“仅标题”的新幻灯片，标题为“公司产品”，设置文本框对齐方式为“中部对齐”，文字方向为“横排”，文字居中。将图片文件5-3a.jpg、5-3b.jpg、5-3c.jpg插入幻灯片中，放在文字的下方，适当调整图片大小，并将图片水平排列对齐且分布均匀。将该幻灯片向前移动，作为演示文稿的第一张幻灯片。

任务3 删除第五张幻灯片。复制第一张幻灯片，向后移动作为最后一张幻灯片，将标题文字更改为“谢谢您的光临”，将3张图片依次替换为5-3e.jpg、5-3f.jpg、5-3g.jpg。

任务4 在最后插入一张版式为“标题和内容”的幻灯片，标题为“公司联系方式”，标题设置为“黑体”“深蓝色”“加粗”、59磅字。内容部分插入3行4列表格，表格的第一行1～4列单元格依次输入“部门”“地址”“电话”和“传真”，第一列的2行和3行单元格内容分别是“总部”和“中国分部”。其他单元格自由填写内容。

任务5 将最后这张幻灯片的背景设置为“羊皮纸”纹理，透明度为45%，且隐藏背景图形。

任务6 设置每张幻灯片的对象动画，将修改后的PPT另存到D盘，文件名为“5-3-学号姓名.PPTX”。

第 7 单元　多媒体技术基础

实训 1　处理图片

一、实训目的

✧掌握《美图秀秀》软件美化图片的方法。

✧掌握《美图秀秀》软件修饰人像的方法。

✧掌握《美图秀秀》软件为图片添加文字、边框和场景的方法。

二、实训步骤

任务 1　美化图片

提示：

（1）使用《美图秀秀》软件打开一张图片，单击“美化”菜单，设置图片的亮度、对比度、色彩饱和度和清晰度。

（2）利用画笔对图片进行美化，包括涂鸦、消除、抠图、局部马赛克、局部彩色、局部变色、背景虚化。

（3）利用特效对图片设置 lomo、复古、黑白色等。

任务 2　修饰人像

提示：打开一张人物图片，单击“美容”菜单，可以对人物进行美容。

（1）美形：单击瘦脸瘦身，可根据需要拖动鼠标对脸部和身体进行处理。

（2）美肤：包括皮肤美白、祛痘祛斑、磨皮、打腮红。

（3）眼部修饰：包括眼睛放大、眼部饰品、睫毛膏、眼睛变色。

任务 3　为图片添加文字、边框、场景

提示：

（1）打开一张图片，单击“文字”菜单，单击“输入文字”，在弹出的对话框中输入文字，调整字体、字号、字体颜色，在图片中移动改变文本框大小和位置，在“特效”中选择特效，也可以选择漫画文字等。

（2）单击“边框”菜单，先在左边窗格中选择边框的类型，然后在右边窗格中选择边框的样式。

（3）单击“场景”菜单，先在左边窗格中选择静态场景或动态场景，然后在右边窗格中选择具体场景即可。

实训 2　处理音视频

一、实训目的

✧ 掌握 Camtasia Studio 8 剪辑音频。

✧ 掌握 Camtasia Studio 8 剪辑视频。

二、实训步骤

任务 1　Camtasia Studio 8 剪辑音频

提示：

（1）单击导入媒体，选择音频文件导入剪辑箱，右击将音频文件添加到时间轴。

（2）播放音频，拖动播放条选择要删除的音频波形，单击“剪切”，将不需要的音频删除。

（3）单击“音频”工具箱，设置音频的音量及淡入淡出的效果。

任务 2　Camtasia Studio 8 剪辑视频

提示：

（1）单击导入媒体，选择视频文件导入剪辑箱，右击将视频文件添加到时间轴。

（2）播放视频，拖动播放条选择要删除的视频，单击“剪切”，将不需要的视频删除。

（3）单击“库”工具箱，选择主题，右击主题添加到时间轴，调整到导入的视频前面或后面，制作视频的片头片尾。

实训 3 格式转换

一、实训目的

✧掌握格式工厂转换图片格式。

✧掌握格式工厂转换音频格式。

✧掌握格式工厂转换视频格式。

二、实训步骤

任务 1 使用格式工厂转换图片格式。

将“图 1. bmp”转换为“图 1. jpg”。

提示：打开“格式工厂”，单击左边窗格中“图片”，选择“→JPG”，在弹出的对话框中添加文件，打开“图 1. bmp”，单击确定，单击“选项”，设置输出文件夹的位置，单击“开始”，当进度条显示“完成”表示格式转换已完成了，打开“输出文件夹”，就可以看到转换好的“图 1. jpg”。

任务 2 使用格式工厂转换音频格式。

将“music. wma”转换为“music. mp3”。

提示：打开“格式工厂”，单击左边窗格中“音频”，选择“→MP3”，在弹出的对话框中添加文件，打开“music. wma”，单击确定，单击“选项”，设置输出文件夹的位置，单击“开始”，当进度条显示“完成”表示格式转换已完成了，打开“输出文件夹”，就可以看到转换好的“music. mp3”。

任务 3 使用格式工厂转换视频格式。

将“自我简介. mp4”转换为“自我简介 . wmv”。

提示：打开“格式工厂”，单击左边窗格中“视频”，选择“→WMV”，在弹出的对话框中添加文件，打开“自我简介 . mp4”，单击确定，单击“选项”，设置输出文件夹的位置，单击“开始”，当进度条显示“完成”表示格式转换已完成，打开“输出文件夹”，就可以看到转换好的“自我简介 . wmv”。

第2篇　真题实训

全国计算机等级考试简介

一、什么是全国计算机等级考试

全国计算机等级考试（National Computer Rank Examination，NCRE），是经原国家教育委员会（现教育部）批准，由教育部考试中心主办，面向社会，用于考查应试人员计算机应用知识与技能的全国性计算机水平考试体系。

NCRE 标志

NCRE 不以评价教学为目的，考核内容不是按照学校要求设定，而是根据社会不同部门应用计算机的不同程度和需要、国内计算机技术的发展情况以及中国计算机教育、教学和普及的现状而确定的；它以应用能力为主，划分等级，分别考核，为人员择业、人才流动提供其计算机应用知识与能力水平的证明。

二、举办 NCRE 的目的

计算机技术的应用在我国各个领域发展迅速，为了适应知识经济和信息社会发展的需要，操作和应用计算机已成为人们必须掌握的一种基本技能。许多单位、部门已把掌握一定的计算机知识和应用技能作为人员聘用、职务晋升、职称评定、上岗资格的重要依据之一。鉴于社会的客观需求，经原国家教委批准，原国家教委考试中心于 1994 年面向社会推出了 NCRE，其目的在于以考促学，向社会推广和普及计算机知识，也为用人部门录用和考核工作人员提供一个统一、客观、公正的标准。

三、NCRE 由什么机构组织实施

教育部考试中心负责实施考试，制定有关规章制度，编写考试大纲及相应的辅导材料，命制试卷、答案及评分参考，进行成绩认定，颁发合格证书，研制考试必需的计算机软件，开展考试研究和宣传、评价等。

教育部考试中心在各省（自治区、直辖市）设立省级承办机构，由省级承办机构负责本省（自治区、直辖市）考试的宣传、推广和实施，根据规定设置考点、组织评卷、转发合格证书等。

省级承办机构根据教育部考试中心有关规定在所属地区符合条件的单位设立考点，由考点负责考生的报名、笔试、上机考试、发放成绩通知单、转发合格证书等管理性工作。教育部考试中心聘请全国著名计算机专家组成“全国计算机等级考试委员会”，负责设计考试方案、审定考试大纲、制定命题原则、指导和监督考试的实施。

四、NCRE 等级和科目如何构成

<table>
<tr><th>级/类别</th><th>科目</th></tr>
<tr><td rowspan="3">一级</td><td>一级 MS Office</td></tr>
<tr><td>一级 WPS Office</td></tr>
<tr><td>一级 B</td></tr>
<tr><td rowspan="7">二级</td><td>C 语言程序设计</td></tr>
<tr><td>C＋＋语言程序设计</td></tr>
<tr><td>Java 语言程序设计</td></tr>
<tr><td>Visual Basic 语言程序设计</td></tr>
<tr><td>Delphi 语言程序设计</td></tr>
<tr><td>Visual FoxPro 数据库程序设计</td></tr>
<tr><td>Access 数据库程序设计</td></tr>
<tr><td rowspan="4">三级</td><td>PC 技术</td></tr>
<tr><td>信息管理技术</td></tr>
<tr><td>数据库技术</td></tr>
<tr><td>网络技术</td></tr>
<tr><td rowspan="3">四级</td><td>网络工程师</td></tr>
<tr><td>数据库工程师</td></tr>
<tr><td>软件测试工程师</td></tr>
<tr><td rowspan="3">计算机职业英语</td><td>一级</td></tr>
<tr><td>二级</td></tr>
<tr><td>三级</td></tr>
</table>

五、NCRE 采取什么考试形式？考试时间是怎么规定的？

考试采用全国统一命题，统一考试的形式。除一级各科全部采用上机考试外，其他各级别均采用笔试与上机操作考试相结合的形式。四级考试 2008 年暂不进行上机考试（上机考核要求在笔试中体现）。计算机职业英语一级考试 2008 年采用笔试形式。

笔试时间：二级均为 90 分钟；三级、四级为 120 分钟；计算机职业英语一级考试为 90 分钟。

上机考试时间：一级、二级均为 90 分钟；三级为 60 分钟。

笔试和上机考试的题型请参见各科考试大纲。

六、是否必须通过第一（二、三）级，才能报考第二（三、四）级考试？

没有规定考生必须通过第一（二、三）级才能报考第二（三、四）级，考生可根据自己的实际情况选考不同的等级，但一次考试只能报考一个等级的一个科目或类别。

七、如何缴纳报名考试费？

考试报名时，考生必须缴纳报名考试费，具体金额由各省（自治区、直辖市）考试承办机构根据考试需要和当地物价水平确定，并报当地物价部门核准。上次考试仅其中一项考试成绩合格的考生，本次考试报名时只需缴纳未通过项考试的报名考试费。考点不得擅自加收费用。

八、如何计算成绩？是否有合格证书？

NCRE 笔试、上机实行百分制计分，但以等第分数通知考生成绩。等第分数分为“不及格”“及格”“良好”“优秀”四等。90－100 分为“优秀”，80－89 分为“良好”，60－79 分为“及格”，0－59 分为“不及格”。

笔试和上机考试成绩均在“及格”以上者，由教育部考试中心颁发合格证书。笔试和上机考试成绩均为“优秀”的，合格证书上会注明“优秀”字样。

NCRE 合格证书式样按国际通行证书式样设计，用中、英两种文字书写，证书编号全国统一，证书上印有持有人身份证号码。该证书全国通用，是持有人计算机应用能力的证明，也可供用人部门录用和考核工作人员时参考。

九、证书获得者具备什么样的能力？可以胜任什么工作？

一级证书表明持有人具有计算机的基础知识和初步应用能力，掌握文字、电子表格和演示文稿等办公自动化软件（MS Office、WPS Office）的使用及因特网（Internet）应用的基本技能，具备从事机关、企事业单位文秘和办公信息计算机化工作的能力。

二级证书表明持有人具有计算机基础知识和基本应用能力，能够使用计算机高级语言编写程序和调试程序，可以从事计算机程序的编制工作、初级计算机教学培训工作以及计算机企业的业务和营销工作。

三级“PC技术”证书表明持有人具有计算机应用的基础知识，掌握 Pentium 微处理器及 PC 机的工作原理，熟悉 PC 机常用外部设备的功能与结构，了解 Windows 操作系统的基本原理，能使用汇编语言进行程序设计，具备从事机关、企事业单位 PC 机使用、管理、维护和应用开发的能力。三级“信息管理技术”证书，表明持有人具有计算机应用的基础知识，掌握软件工程、数据库的基本原理和方法，熟悉计算机信息系统项目的开发方法和技术，具备从事管理信息系统项目和办公自动化系统项目开发和维护的基本能力。三级“数据库技术”证书，表明持有人具有计算机应用的基础知识，掌握数据结构、操作系统的基本原理和技术，熟悉数据库技术和数据库应用系统项目开发的方法，具备从事数据库应用系统项目开发和维护的基本能力。三级“网络技术”证书，表明持有人具有计算机网络通信的基础知识，熟悉局域网、广域网的原理以及安全维护方法，掌握因特网（INTERNET）应用的基本技能，具备从事机关、企事业单位组网、管理以及开展信息网络化的能力。

四级网络工程师证书表明持有人具有网络系统规划、设计的基本能力，掌握中小型网络系统组建、设备配置调试的基本技术，掌握中小型网络系统现场维护与管理的基本技术，可以从事计算机网络规划、设计、组建与管理的相关工作。四级数据库工程师证书表明持有人掌握数据库系统的基本理论和技术，能够使用 SQL 语言实现数据库的建立、维护和管理，具备利用工具软件开发基本数据库应用系统的能力，能够胜任中小型数据库的维护、管理和应用开发。四级“软件测试工程师”证书表明持有人具有软件工程和软件质量保证的基础知识，掌握软件测试的基本理论、方法和技术，理解软件测试的规范和标准，熟悉软件测试过程；具备制订软件测试计划和大纲、设计测试用例、选择和运用测试工具、执行软件测试、分析和评估测试结果以及参与软件测试过程管理的能力，满足软件测试岗位的要求。

全国计算机一级 MS Office 考试大纲

基本要求

1. 具有微型计算机的基础知识（包括计算机病毒的防治常识）。
2. 了解微型计算机系统的组成和各部分的功能。
3. 了解操作系统的基本功能和作用，掌握 Windows 的基本操作和应用。
4. 了解文字处理的基本知识，熟练掌握文字处理 MSWord 的基本操作和应用，熟练掌握一种汉字（键盘）输入方法。
5. 了解电子表格软件的基本知识，掌握电子表格软件 Excel 的基本操作和应用。
6. 了解多媒体演示软件的基本知识，掌握演示文稿制作软件 PowerPoint 的基本操作和应用。
7. 了解计算机网络的基本概念和因特网（Internet）的初步知识，掌握 IE 浏览器软件和 Outlook Express 软件的基本操作和使用。

考试内容

一、计算机基础知识

1. 计算机的发展、类型及其应用领域。
2. 计算机中数据的表示、存储与处理。
3. 多媒体技术的概念与应用。
4. 计算机病毒的概念、特征、分类与防治。
5. 计算机网络的概念、组成和分类；计算机与网络信息安全的概念和防控。
6. 因特网网络服务的概念、原理和应用。

二、操作系统的功能和使用

1. 计算机软、硬件系统的组成及主要技术指标。

2. 操作系统的基本概念、功能、组成及分类。

3. Windows 操作系统的基本概念和常用术语，如文件、文件夹、库等。

4. Windows 操作系统的基本操作和应用。

（1）掌握桌面外观的设置，基本的网络配置。

（2）熟练掌握资源管理器的操作与应用。

（3）掌握文件、磁盘、显示属性的查看、设置等操作。

（4）掌握中文输入法的安装、删除和选用。

（5）掌握检索文件、查询程序的方法。

（6）了解软、硬件的基本系统工具。

三、文字处理软件的功能和使用

1. Word 的基本概念，Word 的基本功能和运行环境，Word 的启动和退出。

2. 文档的创建、打开、输入、保存等基本操作。

3. 文本的选定、插入与删除、复制与移动、查找与替换等基本编辑技术；多窗口和多文档的编辑。

4. 字体格式设置、段落格式设置、文档页面设置、文档背景设置和文档分栏等基本排版技术。

5. 表格的创建、修改；表格的修饰；表格中数据的输入与编辑；数据的排序和计算。

6. 图形和图片的插入；图形的建立和编辑；文本框、艺术字的使用和编辑。

7. 文档的保护和打印。

四、电子表格软件的功能和使用

1. 电子表格的基本概念和基本功能，Excel 的基本功能、运行环境、启动和退出。

2. 工作簿和工作表的基本概念和基本操作，工作簿和工作表的建立、保存和退出；数据输入和编辑；工作表和单元格的选定、插入、删除、复制、移动；工作表的重命名和工作表窗口的拆分和冻结。

3. 工作表的格式化，包括设置单元格格式、设置列宽和行高、设置条件格式、使用样式、自动套用模式和使用模板等。

4. 单元格绝对地址和相对地址的概念，工作表中公式的输入和复制，常用函数的使用。

5. 图表的建立、编辑和修改以及修饰。

6. 数据清单的概念，数据清单的建立，数据清单内容的排序、筛选、分类汇总，数据合并，数据透视表的建立。

7. 工作表的页面设置、打印预览和打印，工作表中链接的建立。

8. 保护和隐藏工作簿和工作表。

五、PowerPoint 的功能和使用

1. 中文 PowerPoint 的功能、运行环境、启动和退出。
2. 演示文稿的创建、打开、关闭和保存。
3. 演示文稿视图的使用，幻灯片的基本操作（版式、插入、移动、复制和删除）。
4. 幻灯片的基本制作（文本、图片、艺术字、形状、表格等插入及其格式化）。
5. 演示文稿主题选用与幻灯片背景设置。
6. 演示文稿放映设计（动画设计、放映方式、切换效果）。
7. 演示文稿的打包和打印。

六、因特网（Internet）的初步知识和应用

1. 了解计算机网络的基本概念和因特网的基础知识，主要包括网络硬件和软件，TCP/ IP 协议的工作原理，以及网络应用中常见的概念，如域名、IP 地址、DNS 服务等。

2. 熟练掌握浏览器、电子邮件的使用和操作。

考试方式

1. 采用无纸化考试，上机操作，考试时间为 90 分钟。
2. 软件环境：Windows 10 操作系统，Microsoft Office 2016 办公软件。
3. 在指定时间内，完成下列各项操作。

(1) 选择题（计算机基础知识和网络基本知识）。(20 分)
(2) Windows 操作系统的使用。(10 分)
(3) Word 操作。(25 分)
(4) Excel 操作。(20 分)
(5) PowerPoint 操作。(15 分)
(6) 浏览器（IE）的简单使用和电子邮件的收发。(10 分)

第 1 部分 计算机基础知识和网络的基本知识

真考题库训练 1

1. 下列叙述中，正确的是（ ）。

A. CPU 能直接读取硬盘上的数据

B. CPU 能直接存取内存储器

C. CPU 由存储器、运算器和控制器组成

D. CPU 主要用来存储程序和数据

2. 1946 年首台电子数字计算机 ENIAC 问世后，冯·诺依曼（von Neumann）在研制 EDVAC 计算机时，提出两个重要的改进，它们是（ ）。

A. 引入 CPU 和内存储器的概念

B. 采用机器语言和十六进制

C. 采用二进制和存储程序控制的概念

D. 采用 ASCII 编码系统

3. 汇编语言是一种（ ）。

A. 依赖于计算机的低级程序设计语言

B. 计算机能直接执行的程序设计语言

C. 独立于计算机的高级程序设计语言

D. 面向问题的程序设计语言

4. 假设某台式计算机的内存储器容量为 128 MB，硬盘容量为 10 GB。硬盘容量是内存容量的（ ）。

A. 40 倍

B. 60 倍

C. 80 倍

D. 100 倍

5. 计算机的硬件主要包括中央处理器（CPU）、存储器、输出设备和（ ）。

A. 键盘

B. 鼠标

C. 输入设备

D. 显示器

6. 根据汉字国标 GB 2312—80 的规定，二级次常用汉字个数是（ ）。

A. 3 000 个

B. 7 445 个

C. 3 008 个

D. 3 755 个

7. 在一个非零无符号二进制整数之后添加一个 0，则此数的值为原数的（ ）。

A. 4 倍

B. 2 倍

C. 1/2 倍

D. 1/4 倍

8. Pentium（奔腾）微机的字长是（ ）。

A. 8 位

B. 16 位

C. 32 位

D. 64 位

9. 下列关于 ASCII 编码的叙述中，正确的是（ ）。

A. 一个字符的标准 ASCII 码占一个字节，其最高二进制位总为 1

B. 所有大写英文字母的 ASCII 码值都小于小写英文字母‘a’的 ASCII 码值

C. 所有大写英文字母的 ASCII 码值都大于小写英文字母‘a’的 ASCII 码值

D. 标准 ASCII 码表有 256 个不同的字符编码

10. 在 CD 光盘上标记有“CD－RW”字样，此标记表明这光盘（ ）。

A. 只能写入一次，可以反复读出的一次性写入光盘

B. 可多次擦除型光盘

C. 只能读出，不能写入的只读光盘

D. RW 是 Readand Write 的缩写

11. 一个字长为 5 位的无符号二进制数能表示的十进制数值范围是（ ）。

A. 1～ 32

B. 0～ 31

C. 1～ 31

D. 0～ 32

12. 计算机病毒是指“能够侵入计算机系统并在计算机系统中潜伏、传播，破坏系统正常工作的一种具有繁殖能力的（ ）”。

A. 流行性感冒病毒

B. 特殊小程序

C. 特殊微生物

D. 源程序

13. 在计算机中，每个存储单元都有一个连续的编号，此编号称为（　　）。

A. 地址

B. 位置号

C. 门牌号

D. 房号

14. 在所列出的：1. 字处理软件，2. Linux，3. UNIX，4. 学籍管理系统，5. Windows 7 和 6. Office 2016 这六个软件中，属于系统软件的有（　　）。

A. 1，2，3

B. 2，3，5

C. 1，2，3，5

D. 全部都不是

15. 一台微型计算机要与局域网连接，必须具有的硬件是（　　）。

A. 集线器

B. 网关

C. 网卡

D. 路由器

16. 在下列字符中，其 ASCII 码值最小的一个是（　　）。

A. 空格字符

B. 0

C. A

D. a

17. 十进制数 100 转换成二进制数是（　　）。

A. 0110101

B. 01101000

C. 01100100

D. 01100110

18. 有一域名为 bit. edu. en，根据域名代码的规定，此域名表示（　　）。

A. 政府机关

B. 商业组织

C. 军事部门

D. 教育机构

19. 若已知一个汉字的国标码是 5E38，则其内码是（　　）。

A. DEB8

B. DE38

C. 5EB8

D. 7E58

20. 在下列设备中，不能作为微机输出设备的是（　　）。

A. 打印机

B. 显示器

C. 鼠标

D. 绘图仪

参考答案及解析

1. B【解析】CPU 不能读取硬盘上的数据，但是能直接访问内存储器；CPU 主要包括运算器和控制器；CPU 是整个计算机的核心部件，主要用于控制计算机的操作。

2. C【解析】与 ENIAC 相比，EDVAC 的重大改进主要有两方面：一是把十进制改成二进制，这可以充分发挥电子元件高速运算的优越性；二是把程序和数据一起存储在计算机内，这样就可以使全部运算成为真正的自动过程。

3. A【解析】汇编语言无法直接执行，必须翻译成机器语言程序才能执行。汇编语言不能独立于计算机；面向问题的程序设计语言是高级语言。

4. C【解析】1 GB=1 024 MB=210 MB，128 MB=27 MB，10 GB=80×128 MB。

5. C【解析】计算机硬件包括 CPU、存储器、输入设备、输出设备。

6. C【解析】在国标码的字符集中，收集了一级汉字 3 755 个，二级汉字 3 008 个，图形符号 682 个。

7. B【解析】最后位加 0 等于前面所有位都乘以 2 再相加，所以是 2 倍。

8. C【解析】Pentium 是 32 位微机。

9. B【解析】国际通用的 ASCII 码为 7 位，且最高位不总为 1；所有大写字母的 ASCII 码都小于小写字母 a 的 ASCII 码；标准 ASCII 码表有 128 个不同的字符编码。

10. B【解析】CD－RW 是可擦除型光盘，用户可以多次对其进行读/写。CD－RW 的全称是 CD－ReWritable。

11. B【解析】无符号二进制数的第一位可为 0，所以当全为 0 时最小值为 0，当全为 1 时最大值为 $2^5-1=31$。

12. B【解析】计算机病毒是指编制或者在计算机程序中插入的破坏计算机功能或者破坏数据，影响计算机使用并且能够自我复制的一组计算机指令或者程序代码。

13. A【解析】计算机中，每个存储单元的编号称为单元地址。

14. B【解析】字处理软件、学籍管理系统、Office 2016 属于应用软件。

15. C【解析】用于局域网的基本网络连接设备是网络适配器（网卡）。

16. A【解析】ASCII 码值（用十进制表示）分别为：空格对应 32，0 对应 48，A 对应 65，a 对应 97。

17. C【解析】十进制向二进制的转换采用“除二取余”法，$100=2^6+2^5+2^2$，所以二进制为 01100100。

18. D【解析】选项 A 政府机关的域名为 .gov；选项 B 商业组织的域名为 .com；选项 C 军事部门的域名为 .mil。

19. A【解析】汉字的内码＝汉字的国标码＋8080H，此题内码＝5E38H＋8080H＝DEB8H。

20. C【解析】鼠标是输入设备。

真考题库训练 2

一、选择题

1. 世界上公认的第一台电子计算机诞生于（　　）年。

A. 1943

B. 1946

C. 1950

D. 1951

2. 构成 CPU 的主要部件是（　　）。

A. 内存和控制器

B. 内存、控制器和运算器

C. 高速缓存和运算器

D. 控制器和运算器

3. 二进制数 110001 转换成十进制数是（　　）。

A. 47

B. 48

C. 49

D. 51

4. 假设某台式计算机内存储器的容量为 1 KB，其最后一个字节的地址是（　　）。

A. 1023H

B. 1024H

C. 0400H

D. 03FFH

5. 组成微型机主机的部件是（　　）。

A. CPU、内存和硬盘

B. CPU、内存、显示器和键盘

C. CPU 和内存

D. CPU、内存、硬盘、显示器和键盘套

6. 已知英文字母 m 的 ASCII 码值为 6DH，那么字母 q 的 ASCII 码值是（　　）。

A. 70H

B. 71H

C. 72H

D. 6FH

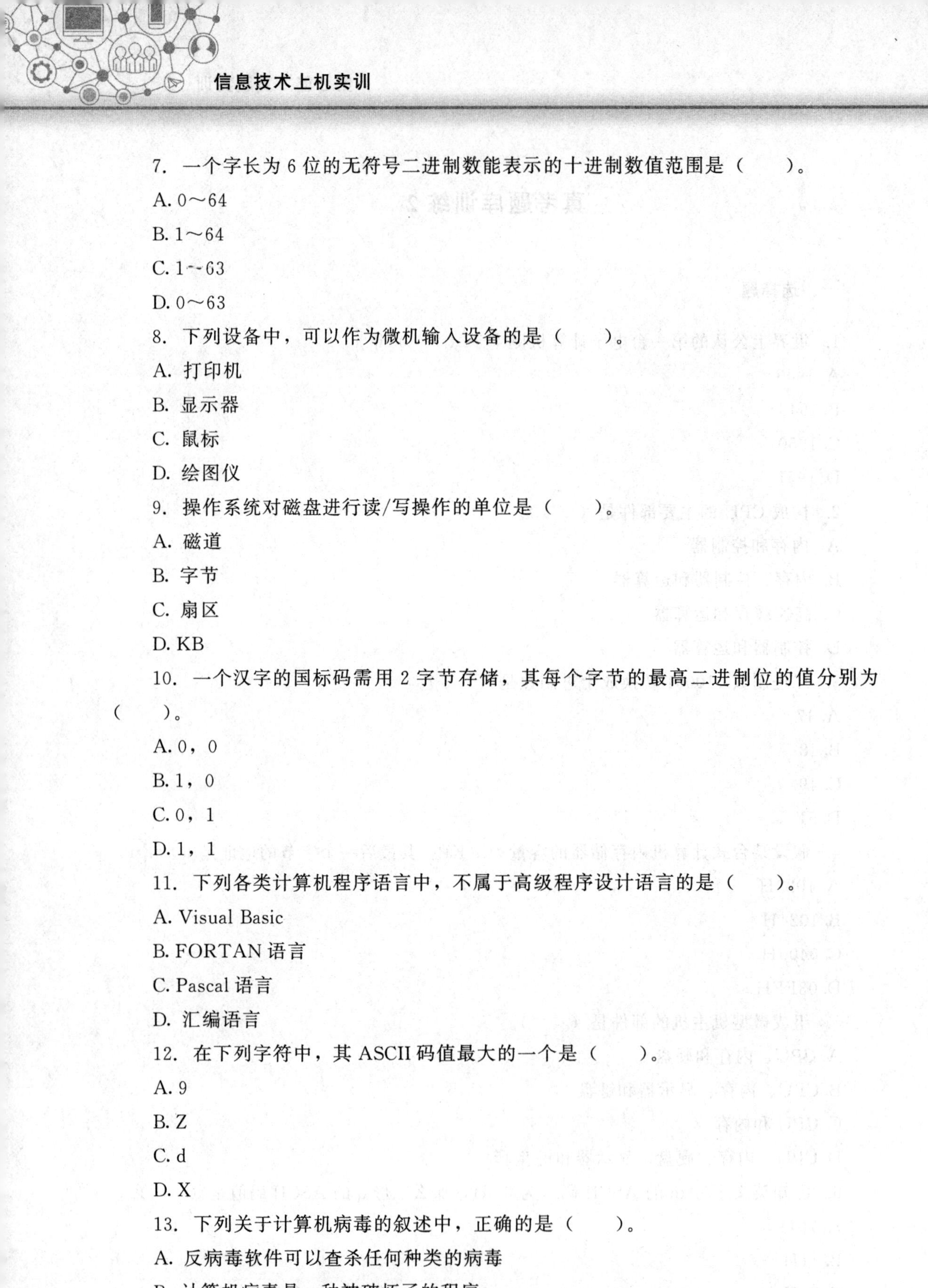

7. 一个字长为6位的无符号二进制数能表示的十进制数值范围是（　　）。

A. 0～64

B. 1～64

C. 1～63

D. 0～63

8. 下列设备中，可以作为微机输入设备的是（　　）。

A. 打印机

B. 显示器

C. 鼠标

D. 绘图仪

9. 操作系统对磁盘进行读/写操作的单位是（　　）。

A. 磁道

B. 字节

C. 扇区

D. KB

10. 一个汉字的国标码需用2字节存储，其每个字节的最高二进制位的值分别为（　　）。

A. 0，0

B. 1，0

C. 0，1

D. 1，1

11. 下列各类计算机程序语言中，不属于高级程序设计语言的是（　　）。

A. Visual Basic

B. FORTAN 语言

C. Pascal 语言

D. 汇编语言

12. 在下列字符中，其 ASCII 码值最大的一个是（　　）。

A. 9

B. Z

C. d

D. X

13. 下列关于计算机病毒的叙述中，正确的是（　　）。

A. 反病毒软件可以查杀任何种类的病毒

B. 计算机病毒是一种被破坏了的程序

C. 反病毒软件必须随着新病毒的出现而升级，提高查、杀病毒的功能

D. 感染过计算机病毒的计算机具有对该病毒的免疫性

14. 下列各项中，非法的 Internet 的 IP 地址是（　　）。

A. 202.96.12.14

B. 202.196.72.140

C. 112.256.23.8

D. 201.124.38.79

15. 用来存储当前正在运行的应用程序的存储器是（　　）。

A. 内存

B. 硬盘

C. 软盘

D. CD－ROM

16. 计算机网络分为局域网、城域网和广域网，下列属于局域网的是（　　）。

A. ChinaDDN 网

B. Novell 网

C. Chinanet 网

D. Internet

17. 下列设备组中，完全属于计算机输出设备的一组是（　　）。

A. 喷墨打印机、显示器、键盘

B. 激光打印机、键盘、鼠标

C. 键盘、鼠标、扫描仪

D. 打印机、绘图仪、显示器

18. 若已知一汉字的国标码是 5E38H，则其内码是（　　）。

A. DEB8H

B. DE38H

C. 5EB8H

D. 7E58H

19. 把内存中数据传送到计算机的硬盘上去的操作称为（　　）。

A. 显示

B. 写盘

C. 输入

D. 读盘

20. 用高级程序设计语言编写的程序（　　）。

A. 计算机能直接执行

B. 具有良好的可读性和可移植性

C. 执行效率高但可读性差

D. 依赖于具体机器，可移植性差

参考答案及解析

1. B【解析】世界上第一台名为 ENIAC 的电子计算机于 1946 年诞生于美国宾夕法尼亚大学。

2. D【解析】CPU 主要由运算器和控制器组成。

3. C【解析】二进制转换为十进制：$2^5+2^4+2^0=49$。

4. D【解析】1 KB=1 024 B，内存地址为 0～1 023，用十六进制表示为 0～03FFH。

5. C【解析】微型机的主机一般包括 CPU、内存、I/O 接口电路、系统总线。

6. B【解析】q 的 ASCII 码（用十六进制表示）为 6D+4=71。

7. D【解析】无符号二进制数的第一位可为 0，所以当全为 0 时最小值为 0，当全为 1 时最大值为 $2^6-1=63$。

8. C【解析】打印机、显示器、绘图仪都属于输出设备。

9. C【解析】操作系统以扇区为单位对磁盘进行读/写操作。

10. A【解析】国标码两个字节的最高位都为 0，机内码两个字节的最高位都为 1。

11. D【解析】汇编语言属于低级语言。

12. C【解析】ASCII 码（用十六进制表示）为：9 对应 39，Z 对应 5A，X 对应 58，d 对应 64。

13. C【解析】选项 A 反病毒软件并不能查杀全部病毒；选项 B 计算机病毒是具有破坏性的程序；选项 D 计算机本身对计算机病毒没有免疫性。

14. C【解析】IP 地址是由 4 个字节组成的，习惯写法是将每个字节作为一段并以十进制数来表示，而且段间用“.”分隔。每个段的十进制范围是 0～255，选项 C 中的第二个字节超出了范围，故答案选 C。

15. A【解析】内存用来存储正在运行的程序和处理的数据。

16. B【解析】ChinaDDN 网、Ckinanet 网、Internet 为广域网。

17. D【解析】其中键盘、鼠标、扫描仪属于输入设备。

18. A【解析】汉字的内码=汉字的国标码+8080H，此题内码=5E38H+8080H=DEB8H。

19. B【解析】把内存中数据传送到计算机硬盘中去，称为写盘。把硬盘上的数据传送到计算机的内存中去，称为读盘。

20. B【解析】选项 A 高级语言必须翻译成机器语言后才能被计算机执行；选项 C 高级语言执行效率低，可读性好；选项 D 高级语言不依赖于计算机，所以可移植性好，故 B 项正确。

真考题库训练3

1. 下列软件中，属于应用软件的是（　　）。

A. Windows 10

B. UNIX

C. Linux

D. WPS Office 2016

2. 已知英文字母 m 的 ASCII 码值为 109，那么英文字母 P 的 ASCII 码值为（　　）。

A. 112

B. 113

C. 111

D. 114

3. 控制器的功能是（　　）。

A. 指挥、协调计算机各部件工作

B. 进行算术运算和逻辑运算

C. 存储数据和程序

D. 控制数据的输入和输出

4. 计算机的技术性能指标主要是指（　　）。

A. 计算机所配备的语言、操作系统、外部设备

B. 硬盘的容量和内存的容量

C. 显示器的分辨率、打印机的性能等配置

D. 字长、运算速度、内/外存容量和 CPU 的时钟频率

5. 在数制的转换中，正确的叙述是（　　）。

A. 对于相同的十进制整数（>1），其转换结果的位数的变化趋势随着基数 R 的增大而减少

B. 对于相同的十进制整数（>1），其转换结果的位数的变化趋势随着基数 R 的增大而增加

C. 不同数制的数字符是各不相同的，没有一个数字符是一样的

D. 同一个整数值的二进制数表示的位数一定大于十进制数表示的位数

6. 用高级程序设计语言编写的程序，要转换成等价的可执行程序，必须经过（　　）。

A. 汇编

B. 编辑

C. 解释

D. 编译和链接

7. 计算机系统软件中最核心的是（　　）。

A. 语言处理系统

B. 操作系统

C. 数据库管理系统

D. 诊断程序

8. 下列关于计算机病毒的说法中，正确的是（　　）。

A. 计算机病毒是一种有损计算机操作人员身体健康的生物病毒

B. 计算机病毒发作后，将造成计算机硬件永久性的物理损坏

C. 计算机病毒是一种通过自我复制进行传染的，破坏计算机程序和数据的小程序

D. 计算机病毒是一种有逻辑错误的程序

9. 能直接与CPU交换信息的存储器是（　　）。

A. 硬盘存储器

B. CD－ROM

C. 内存储器

D. 软盘存储器

10. 下列叙述中，错误的是（　　）。

A. 把数据从内存传输到硬盘的操作称为写盘

B. WPS Office 2016 属于系统软件

C. 把高级语言源程序转换为等价的机器语言目标程序的过程叫作编译

D. 计算机内部对数据的传输、存储和处理都使用二进制

11. 以下关于电子邮件的说法，不正确的是（　　）。

A. 电子邮件的英文简称是E-mail

B. 加入因特网的每个用户通过申请都可以得到一个“电子信箱”

C. 在一台计算机上申请的“电子信箱”，以后只有通过这台计算机上网才能收信

D. 一个人可以申请多个电子信箱

12. RAM的特点是（　　）。

A. 海量存储器

B. 存储在其中的信息可以永久保存

C. 一旦断电，存储在其上的信息将全部消失，且无法恢复

D. 只用来存储中间数据

13. 一个汉字的内码与它的国标码之间的差是（　　）。

A. 2020H

B. 4040H

C. 8080H

D. AOAOH

14. 1946 年诞生的世界上公认的第一台电子计算机是（　　）。

A. UNIVAC-I

B. EDVAC

C. ENIAC

D. IBM650

15. 正确的 IP 地址是（　　）。

A. 202.112.111.1

B. 202.2.2.2.2

C. 202.202.1

D. 202.257.14.13

16. 微机硬件系统中最核心的部件是（　　）。

A. 内存储器

B. 输入/输出设备

C. CPU

D. 硬盘

17. 1 KB 的准确数值是（　　）。

A. 1 024B

B. 1 000B

C. 1 024b

D. 1 000b

18. DVD－ROM 属于（　　）。

A. 大容量可读可写外存储器

B. 大容量只读外部存储器

C. CPU 可直接存取的存储器

D. 只读内存储器

19. 十进制数 55 转换成无符号二进制数等于（　　）。

A. 111111

B. 110111

C. 111001

D. 111011

20. 下列设备组中，完全属于输入设备的一组是（　　）。

A. CD－ROM 驱动器、键盘、显示器

B. 绘图仪、键盘、鼠标

C. 键盘、鼠标、扫描仪

D. 打印机、硬盘、条码阅读器

参考答案及解析

1. D【解析】Windows 10、UNIX、Linux 是系统软件。

2. A【解析】m 的 ASCII 码值为 109，因为字母的 ASCII 码值是连续的，109＋3＝112，即 P 的 ASCII 码值为 112。

3. A【解析】选项 A 指挥、协调计算机各部件工作是控制器的功能；选项 B 进行算术运算与逻辑运算是运算器的功能。

4. D【解析】微型计算机的主要技术性能指标包括字长、时钟主频、运算速度、存储容量、存取周期等。

5. A【解析】在数制转换中。基数越大，位数越少。当为 0、1 时，位数可以相等。

6. D【解析】高级语言程序编译成目标程序。通过链接将目标程序链接成可执行程序。

7. B【解析】系统软件主要包括操作系统、语言处理系统、系统性能检测和实用工具软件等，其中最主要的是操作系统。

8. C【解析】计算机病毒是指编制或者在计算机程序中插入的破坏计算机功能或者破坏数据，影响计算机使用并且能够自我复制的一组计算机指令或者程序代码。选项 A 计算机病毒不是生物病毒，选项 B 计算机病毒不能永久性破坏硬件。

9. C【解析】CPU 只能直接访问存储在内存中的数据。

10. B【解析】WPS Office 2016 是应用软件。

11. C【解析】在一台计算机上申请的电子信箱，不一定要通过这台计算机收信，通过其他的计算机也可以。

12. C【解析】RAM 有两个特点：一个是可读/写性；另一个是易失性，即断开电源时，RAM 中的内容立即消失。

13. C【解析】汉字的内码＝汉字的国标码＋8080H。

14. C【解析】1946 年世界上第一台名为 ENIAC 的电子计算机诞生于美国宾夕法尼亚大学。

15. A【解析】IP 地址由 4 个字节组成，习惯写法是将每个字节作为一段并以十进制数来表示，而且段间用“.”分隔。每个段的十进制数范围是 0～255。

16. C【解析】CPU 是计算机的核心部件。

17. A【解析】1 KB＝210 B＝1 024 B。

18. B【解析】DVD 是外接设备，ROM 是只读存储。其合起来就是只读外部存储器。

19. B【解析】$55=2^5+2^4+2^2+2^1+2^0$，所以 55 的二进制数为 110111。

20. C【解析】显示器、绘图仪、打印机都属于输出设备。

真考题库训练 4

1. 假设某台式计算机的内存储器容量为 256 MB，硬盘容量为 20 GB。硬盘的容量是内存容量的（　　）。

A. 40 倍

B. 60 倍

C. 80 倍

D. 100 倍

2. 一个字长为 8 位的无符号二进制整数能表示的十进制数值范围是（　　）。

A. 0～ 256

B. 0～ 255

C. 1～ 256

D. 1～ 255

3. 完整的计算机软件指的是（　　）。

A. 程序、数据与相应的文档

B. 系统软件与应用软件

C. 操作系统与应用软件

D. 操作系统和办公软件

4. Internet 网中不同网络和不同计算机相互通信的基础是（　　）。

A. ATM

B. TCP/IP

C. Novell

D. X. 25

5. 已知三个字符 a、X 和 5，按它们的 ASCII 码值升序排序，结果是（　　）。

A. 5，a，X

B. a，5，X

C. X，a，5

D. 5，X，a

6. 一个完整计算机系统的组成部分应该是（　　）。

A. 主机、键盘和显示器

B. 系统软件和应用软件

C. 主机和它的外部设备

D. 硬件系统和软件系统

7. 运算器的主要功能是进行（　　）。

A. 算术运算

B. 逻辑运算

C. 加法运算

D. 算术和逻辑运算

8. 已知一汉字的国标码是 5E38，其内码应是（　　）。

A. DEB8

B. DE38

C. 5EB8

D. 7E58

9. 存储计算机当前正在执行的应用程序和相应数据的存储器是（　　）。

A. 硬盘

B. ROM

C. RAM

D. CD－ROM

10. 下列关于计算机病毒的叙述中，错误的是（　　）。

A. 计算机病毒具有潜伏性

B. 计算机病毒具有传染性

C. 感染过计算机病毒的计算机具有对该病毒的免疫性

D. 计算机病毒是一个特殊的寄生程序

11. 根据国标 GB 2312—80 的规定，总计有各类符号和一、二级汉字编码（　　）。

A. 7 145 个

B. 7 445 个

C. 3 008 个

D. 3 755 个

12. 下列各存储器中，存取速度最快的是（　　）。

A. CD－ROM

B. 内存储器

C. 软盘

D. 硬盘

13. 下列关于世界上第一台电子计算机 ENIAC 的叙述中，错误的是（　　）。

A. 它是 1946 年在美国诞生的

B. 它主要采用电子管和继电器

C. 它是首次采用存储程序控制使计算机自动工作

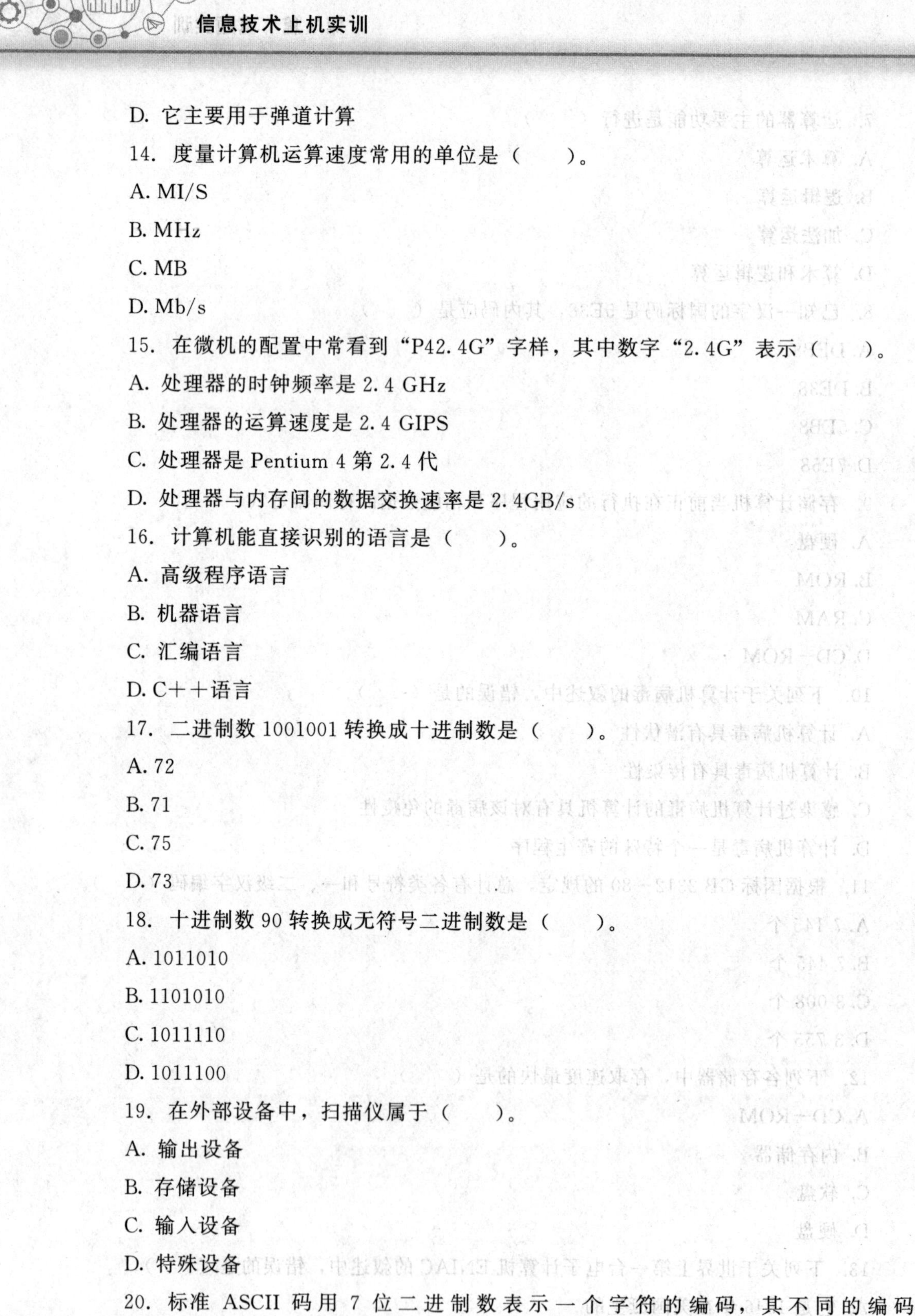

D. 它主要用于弹道计算

14. 度量计算机运算速度常用的单位是（　　）。

A. MI/S

B. MHz

C. MB

D. Mb/s

15. 在微机的配置中常看到“P42.4G”字样，其中数字“2.4G”表示（　　）。

A. 处理器的时钟频率是 2.4 GHz

B. 处理器的运算速度是 2.4 GIPS

C. 处理器是 Pentium 4 第 2.4 代

D. 处理器与内存间的数据交换速率是 2.4GB/s

16. 计算机能直接识别的语言是（　　）。

A. 高级程序语言

B. 机器语言

C. 汇编语言

D. C++语言

17. 二进制数 1001001 转换成十进制数是（　　）。

A. 72

B. 71

C. 75

D. 73

18. 十进制数 90 转换成无符号二进制数是（　　）。

A. 1011010

B. 1101010

C. 1011110

D. 1011100

19. 在外部设备中，扫描仪属于（　　）。

A. 输出设备

B. 存储设备

C. 输入设备

D. 特殊设备

20. 标准 ASCII 码用 7 位二进制数表示一个字符的编码，其不同的编码共有（　　）。

A. 127 个

B. 128 个

C. 256 个

D. 254 个

参考答案及解析

1. C【解析】1 GB＝1 024 MB＝4×256 MB，则 20 GB＝80×256 MB。

2. B【解析】无符号二进制数的第一位可为 0，所以当全为 0 时最小值为 0，当全为 1 时最大值为 $2^8-1=255$。

3. B【解析】系统软件和应用软件是组成计算机软件系统的两个部分。

4. B【解析】TCP/IP 协议主要是供已连接因特网的计算机进行通信的通信协议。

5. D【解析】ASCII 码（用十六进制表示）为：a 对应 61，X 对应 58，5 对应 35。

6. D【解析】一个完整的计算机系统应该包括硬件和软件两个部分。

7. D【解析】运算器的主要功能是对二进制数码进行算术运算或逻辑运算。

8. A【解析】汉字的内码＝汉字的国标码＋8080H。此题内码＝5E38H＋8080H＝DEB8H。

9. C【解析】存储计算机当前正在执行的应用程序和相应数据的存储器是 RAM，ROM 为只读存储器。

10. C【解析】计算机病毒的特点有寄生性、破坏性、传染性、潜伏性、隐蔽性。

11. B【解析】在国标码的字符集中，收集了一级汉字 3 755 个，二级汉字 3 008 个，图形符号 682 个，一共是 7 445 个。

12. B【解析】内存储器的存储速度最快。

13. C【解析】EDVAC 出现时才使用存储程序。

14. A【解析】计算机的运算速度通常是指每秒钟所能执行的加法指令数目，常用 MIPS 表示。

15. A【解析】P 代表奔腾系列，4 代表此系列的第 4 代产品，2.4G 是 CPU 的频率，单位是 Hz。

16. B【解析】计算机只能直接识别机器语言。

17. D【解析】二进制转换为十进制：$2^6+2^3+2^0=73$。

18. A【解析】十进制转换为二进制：$2^6+2^4+2^3+2^1=90$，所以 90 的二进制表示为 1011010。

19. C【解析】扫描仪属于输入设备。

20. B【解析】7 位二进制编码，共有 $2^7=128$ 个不同的编码值。

真考题库训练 5

1. 十进制数 75 等于二进制数（　　）。

A. 1001011

B. 1010101

C. 1001101

D. 1000111

2. 用 8 位二进制数能表示的最大的无符号整数等于十进制整数（　　）。

A. 255

B. 256

C. 128

D. 127

3. 用来存储当前正在运行的应用程序及相应数据的存储器是（　　）。

A. ROM

B. 硬盘

C. RAM

D. CD－ROM

4. 已知汉字“家”的区位码是 2850，则其国标码是（　　）。

A. 4870D

B. 3C52H

C. 9CB2H

D. A8DOH

5. 字符比较大小实际是比较它们的 ASCII 码值，正确的比较是（　　）。

A. ‘A’比‘B’大

B. ‘H’比‘h’小

C. ‘F’比‘D’小

D. ‘9’比‘D’大

6. 无符号二进制整数 101001 转换成十进制整数等于（　　）。

A. 41

B. 43

C. 45

D. 39

7. 下面关于 U 盘的描述中，错误的是（　　）。

A. U 盘有基本型、增强型和加密型三种

B. U 盘的特点是质量轻、体积小

C. U 盘多固定在机箱内，不便携带

D. 断电后，U 盘还能保持存储的数据不丢失

8. 第三代计算机采用的电子元件是（　　）。

A. 晶体管

B. 中、小规模集成电路

C. 大规模集成电路

D. 电子管

9. 下列设备组中，完全属于外部设备的一组是（　　）。

A. CD－ROM 驱动器、CPU、键盘、显示器

B. 激光打印机、键盘、CD－ROM 驱动器、鼠标

C. 内存储器、CD－ROM 驱动器、扫描仪、显示器

D. 打印机、CPU、内存储器、硬盘

10. 计算机之所以能按人们的意图自动进行工作，最直接的原因是因为采用了（　　）。

A. 二进制

B. 高速电子元件

C. 程序设计语言

D. 存储程序控制

11. 下列各组软件中，全部属于应用软件的是（　　）。

A. 程序语言处理程序、操作系统、数据库管理系统

B. 文字处理程序、编辑程序、UNIX 操作系统

C. 财务处理软件、金融软件、WPS Office 2016

D. Word 2016、Photoshop、Windows 10

12. 通常所说的微型机主机是指（　　）。

A. CPU 和内存

B. CPU 和硬盘

C. CPU、内存和硬盘

D. CPU、内存与 CD－ROM

13. 下列关于计算机病毒的叙述中，错误的是（　　）。

A. 计算机病毒具有潜伏性

B. 计算机病毒具有传染性

C. 感染过计算机病毒的计算机具有对该病毒的免疫性

D. 计算机病毒是一个特殊的寄生程序

14. 域名 MH. BIT. EDU. CN 中主机名是（　　）。

A. MH

B. EDU

C. CN

D. BIT

15. 运算器的功能是（　　）。

A. 进行逻辑运算

B. 进行算术运算或逻辑运算

C. 进行算术运算

D. 做初等函数的计算

16. 在微机中，西文字符所采用的编码是（　　）。

A. EBCDIC 码

B. ASCII 码

C. 国标码

D. BCD 码

17. 根据汉字国标码 GB 2312—80 的规定，将汉字分为常用汉字和次常用汉字两级。次常用汉字的排列次序是按（　　）。

A. 偏旁部首

B. 汉语拼音字母

C. 笔画多少

D. 使用频率多少

18. 组成计算机指令的两部分是（　　）。

A. 数据和字符

B. 操作码和地址码

C. 运算符和运算数

D. 运算符和运算结果

19. 存储一个 24×24 点的汉字字形码需要（　　）。

A. 32 字节

B. 48 字节

C. 64 字节

D. 72 字节

20. 对计算机操作系统的作用描述完整的是（　　）。

A. 管理计算机系统的全部软、硬件资源，合理组织计算机的工作流程，以充分发挥计算机资源的效率，为用户提供使用计算机的友好界面

B. 对用户存储的文件进行管理，方便用户

C. 执行用户键入的各类命令

D. 为汉字操作系统提供运行的基础

参考答案及解析

1. A【解析】十进制转换为二进制：$2^6+2^3+2^1+2^0=75$，所以 75 的二进制为 1001011。

2. A【解析】无符号二进制数各位都为 1 时值最大，最大值为 $2^8-1=255$。

3. C【解析】存储计算机当前正在执行的应用程序和相应数据的存储器是 RAM，ROM 为只读存储器。

4. B【解析】汉字的区位码分为区码和位码，“家”的区码是 28，位码是 50，将区码和位码分别化为十六进制得到 1C32H。用 1C32H＋2020H＝3C52H（国标码）。

5. B【解析】字符的 ASCII 码从小到大依次为数字、大写字母、小写字母。

6. A【解析】二进制转换为十进制：$2^5+2^3+2^0=41$。

7. C【解析】U 盘通过计算机的 USB 接口即插即用，使用方便。

8. B【解析】计算机采用的电子器件为：第一代是电子管，第二代是晶体管，第三代是中、小规模集成电路，第四代是大规模、超大规模集成电路。

9. B【解析】CPU、内存储器不是外部设备，所以只能选 B 项。

10. D【解析】电子计算机能够快速、自动、准确地按照人们的意图工作的基本思想最主要是存储程序和程序控制，这个思想是由冯·诺依曼在 1946 年提出的。

11. C【解析】操作系统。UNIX 操作系统、Windows 10 不是应用软件。

12. A【解析】微型机的主机一般包括 CPU、内存、I/O 接口电路、系统总线。

13. C【解析】计算机病毒的特点有寄生性、破坏性、传染性、潜伏性、隐蔽性。

14. A【解析】域名标准的四个部分，依次为服务器（主机名）、域、机构、国家。

15. B【解析】运算器的主要功能是对二进制数码进行算术运算或逻辑运算。

16. B【解析】西文字符采用 ASCII 码编码。

17. A【解析】在国家汉字标准 GB 2312—80 中，一级常用汉字按汉语拼音规律排列，二级次常用汉字按偏旁部首规律排列。

18. B【解析】计算机指令格式通常包含操作码和操作数（地址码）两部分。

19. D【解析】在 24×24 的网格中描绘一个汉字，整个网格分为 24 行 24 列，每个小格用 1 位二进制编码表示，每一行需要 24 个二进制位，占 3 个字节，24 行共占 24×3＝72 个字节。

20. A【解析】操作系统是人与计算机之间通信的桥梁，为用户提供了一个清晰、简洁、易用的工作界面，用户通过操作系统提供的命令和交互功能实现各种访问计算机的操作。

真考题库训练 6

1. 第二代电子计算机所采用的电子元件是（　　）。

A. 继电器

B. 晶体管

C. 电子管

D. 集成电路

2. 在微机的硬件设备中，有一种设备在程序设计中既可以当作输出设备，又可以当作输入设备，这种设备是（　　）。

A. 绘图仪

B. 扫描仪

C. 手写笔

D. 磁盘驱动器

3. ROM 中的信息是（　　）。

A. 由生产厂家预先写入的

B. 在安装系统时写入的

C. 根据用户需求不同，由用户随时写入的

D. 由程序临时存入的

4. 十进制数 101 转换成二进制数等于（　　）。

A. 1101011

B. 1100101

C. 1000101

D. 1110001

5. 计算机网络的目标是实现（　　）。

A. 数据处理

B. 文献检索

C. 资源共享和信息传输

D. 信息传输

6. 显示器的主要技术指标之一是（　　）。

A. 分辨率

B. 亮度

C. 彩色

D. 对比度

7. 计算机操作系统的主要功能是（　　）。

A. 对计算机的所有资源进行控制和管理，为用户使用计算机提供方便

B. 对源程序进行翻译

C. 对用户数据文件进行管理

D. 对汇编语言程序进行翻译

8. 用来控制、指挥和协调计算机各部件工作的是（　　）。

A. 运算器

B. 鼠标

C. 控制器

D. 存储器

9. 二进制数 101110 转换成等值的十六进制数是（　　）。

A. 2C

B. 2D

C. 2E

D. 2F

10. 汉字国标码（GB 2312—80）把汉字分成 2 个等级。其中一级常用汉字的排列顺序是按（　　）。

A. 汉语拼音字母顺序

B. 偏旁部首

C. 笔画多少

D. 以上都不对

11. 微机的主机指的是（　　）。

A. CPU、内存和硬盘

B. CPU、内存、显示器和键盘

C. CPU 和内存储器

D. CPU、内存、硬盘、显示器和键盘

12. 计算机感染病毒的可能途径之一是（　　）。

A. 从键盘上输入数据

B. 随意运行外来的、未经杀病毒软件严格审查的 U 盘上的软件

C. 所使用的光盘表面不清洁

D. 电源不稳定

13. 若要将计算机与局域网连接，则至少需要具有的硬件是（　　）。

A. 集线器

B. 网关

C. 网卡

D. 路由器

14. 英文缩写 CAM 的中文意思是（　　）。

A. 计算机辅助设计

B. 计算机辅助制造

C. 计算机辅助教学

D. 计算机辅助管理

15. CPU 的中文名称是（　　）。

A. 控制器

B. 不间断电源

C. 算术逻辑部件

D. 中央处理器

16. 一个字符的标准 ASCII 码码长是（　　）。

A. 8 b

B. 7 b

C. 16 b

D. 6 b

17. 汉字输入码可分为有重码和无重码两类，下列属于无重码类的是（　　）。

A. 全拼码

B. 自然码

C. 区位码

D. 简拼码

18. 下列叙述中，正确的是（　　）。

A. 用高级程序语言编写的程序称为源程序

B. 计算机能直接识别并执行用汇编语言编写的程序

C. 机器语言编写的程序必须经过编译和链接后才能执行

D. 机器语言编写的程序具有良好的可移植性

19. 计算机软件系统包括（　　）。

A. 程序、数据和相应的文档

B. 系统软件和应用软件

C. 数据库管理系统和数据库

D. 编译系统和办公软件

20. 电子计算机最早的应用领域是（　　）。

A. 数据处理

B. 数值计算

C. 工业控制

D. 文字处理

参考答案及解析

1. B【解析】计算机采用的电子器件为：第一代是电子管，第二代是晶体管，第三代是中、小规模集成电路，第四代是大规模、超大规模集成电路。

2. D【解析】绘图仪是输出设备；扫描仪是输入设备；手写笔是输入设备；磁盘驱动器既能将存储在磁盘上的信息读进内存中，又能将内存中的信息写到磁盘上，因此认为它既是输入设备，又是输出设备。

3. A【解析】ROM 中的信息一般由计算机制造厂写入并经过固化处理，用户是无法修改的。

4. B【解析】$2^6+2^5+2^2+2^0=101$，所以 101 的二进制为 1100101。

5. C【解析】计算机网络由通信子网和资源子网两部分组成。通信子网的功能是负责全网的数据通信；资源子网的功能是提供各种网络资源和网络服务，实现网络的资源共享。

6. A【解析】显示器的主要技术指标有扫描方式、刷新频率、点距、分辨率、带宽、亮度和对比度、尺寸。

7. A【解析】操作系统是人与计算机之间通信的桥梁，为用户提供了一个清晰、简洁、易用的工作界面，用户通过操作系统提供的命令和交互功能实现各种访问计算机的操作。

8. C【解析】控制器的主要功能是指挥全机各个部件自动、协调地工作。

9. C【解析】四位二进制表示一位十六进制，从最右边开始划分，不足四位的，向前补零。二进制 0010 为十六进制 2，二进制 1110 为十六进制 E。

10. A【解析】在国家汉字标准 GB 2312—80 中，一级常用汉字按（汉语拼音）规律排列，二级次常用汉字按（偏旁部首）规律排列。

11. C【解析】微型机的主机一般包括 CPU、内存、I/O 接口电路、系统总线。

12. B【解析】计算机病毒主要通过移动存储介质（如 U 盘、移动硬盘）和计算机网络两大途径进行传播。

13. C【解析】用于局域网的基本网络连接设备是网络适配器（网卡）。

14. B【解析】选项 A 计算机辅助设计是 CAD；选项 C 计算机辅助教学是 CAI。

15. D【解析】选项 A 控制器是 CU；选项 B 不间断电源是 UPS；选项 C 算术逻辑部件是 ALU。

16. B【解析】一个 ASCII 码用 7 位表示。

17. C【解析】区位码属于无重码。

18. A【解析】计算机只能直接识别机器语言，不用经过编译和链接，且机器语言不可移植。

19. B【解析】系统软件和应用软件是组成计算机软件系统的两个部分。

20. B【解析】计算机问世之初，主要用于数值计算，计算机也因此得名。

真考题库训练 7

1. 下列关于磁道的说法中，正确的是（　　）。

A. 盘面上的磁道是一组同心圆

B. 由于每一磁道的周长不同，所以每一磁道的存储容量也不同

C. 盘面上的磁道是一条阿基米德螺线

D. 磁道的编号是最内圈为 0，并次序由内向外逐渐增大，最外圈的编号最大

2. CPU 主要技术性能指标有（　　）。

A. 字长、运算速度和时钟主频

B. 可靠性和精度

C. 耗电量和效率

D. 冷却效率

3. UPS 的中文译名是（　　）。

A. 稳压电源

B. 不间断电源

C. 高能电源

D. 调压电源

4. 下列编码中，属于正确的汉字内码的是（　　）。

A. 5EF6H

B. FB67H

C. A383H

D. C297DH

5. 5 位二进制无符号数最后能表示的十进制整数是（　　）。

A. 64

B. 63

C. 32

D. 31

6. 在计算机中，信息的最小单位是（　　）。

A. bit

B. Byte

C. Word

D. Doitble Word

7. 下列各指标中，数据通信系统的主要技术指标之一的是（　　）。

A. 误码率

B. 重码率

C. 分辨率

D. 频率

8. 下列叙述中，正确的是（　　）。

A. 内存中存放的是当前正在执行的程序和所需的数据

B. 内存中存放的是当前暂时不用的程序和数据

C. 外存中存放的是当前正在执行的程序和所需的数据

D. 内存中只能存放指令

9. 影响一台计算机性能的关键部件是（　　）。

A. CD－ROM

B. 硬盘

C. CPU

D. 显示器

10. 已知英文字母 m 的 ASCII 码值为 6DH，那么 ASCII 码值为 70H 的英文字母是（　　）。

A. P

B. Q

C. P

D. J

11. 下列用户 XUEJY 的电子邮件地址中，正确的是（　　）。

A. XUEJY@bj163. com

B. XUEJYbj163. com

C. XUEJY＃hj163. com

D. XUEJY@bj163. com

12. 十进制数 60 转换成二进制数是（　　）。

A. 0111010

B. 0111110

C. 0111100

D. 0111101

13. 计算机的硬件主要包括中央处理器（CPU）、存储器、输出设备和（　　）。

A. 键盘

B. 鼠标

C. 输入设备

D. 显示器

14. 下列叙述中，正确的是（　　）。

A. 所有计算机病毒只在可执行文件中传染

B. 计算机病毒可通过读写移动存储器或 Internet 网络进行传播

C. 只要把带病毒 U 盘设置成只读状态，那么此盘上的病毒就不会因读盘而传染给另一台计算机

D. 计算机病毒是由于光盘表面不清洁而造成的

15. 下列叙述中，正确的是（　　）。

A. C＋＋是高级程序设计语言的一种

B. 用 C＋＋程序设计语言编写的程序可以直接在机器上运行

C. 当代最先进的计算机可以直接识别、执行任何语言编写的程序

D. 机器语言和汇编语言是同一种语言的不同名称

16. 在下列字符中，其 ASCII 码值最小的一个是（　　）。

A. 空格字符

B. 0

C. A

D. a

17. 一个汉字的机内码与国标码之间的差别是（　　）。

A. 前者各字节的最高位二进制值各为 1，而后者为 0

B. 前者各字节的最高位二进制值各为 0，而后者为 1

C. 前者各字节的最高位二进制值各为 1、0，而后者为 0、1

D. 前者各字节的最高位二进制值各为 0、1，而后者为 1、0

18. 通常打印质量最好的打印机是（　　）。

A. 针式打印机

B. 点阵打印机

C. 喷墨打印机

D. 激光打印机

19. 下列叙述中，错误的是（　　）。

A. 计算机硬件主要包括主机、键盘、显示器、鼠标和打印机五大部件

B. 计算机软件分系统软件和应用软件两大类

C. CPU 主要由运算器和控制器组成

D. 内存储器中存储当前正在执行的程序和处理的数据

20. 当电源关闭后，下列关于存储器的说法中，正确的是（　　）。

A. 存储在 RAM 中的数据不会丢失

B. 存储在ROM中的数据不会丢失

C. 存储在软盘中的数据会全部丢失

D. 存储在硬盘中的数据会丢失

参考答案及解析

1. A【解析】磁盘的磁道是一个个同心圆，最外边的磁道编号为0，并次序由外向内增大，磁道存储容量是电磁原理，与圆周、体积等大小无关。

2. A【解析】微型计算机CPU的主要技术指标包括字长、时钟主频、运算速度、存储容量、存取周期等。

3. B【解析】不间断电源的缩写是UPS。

4. C【解析】汉字内码两个字节的最高位必须为1。

5. D【解析】无符号二进制数全部5位均为1时，最大值为$2^5-1=31$。

6. A【解析】信息的最小单位是bit，信息存储的最小单位是Byte。

7. A【解析】数据通信系统的主要技术指标有带宽、比特率、波特率、误码率。

8. A【解析】存储计算机当前正在执行的应用程序和相应数据的存储器是内存。

9. C【解析】CPU是计算机的核心部件。

10. C【解析】70H－6DH＝3，则m向后数3个是P。

11. D【解析】电子邮件地址由以下几个部分组成：用户名@域名．后缀，地址中间不能有空格和字符，选项A）中有空格。所以不正确。

12. C【解析】$2^5+2^4+2^3+2^2=6^0$，所以60的二进制表示为0111100。

13. C【解析】计算机硬件包括CPU、存储器、输入设备、输出设备。

14. B【解析】计算机病毒主要通过移动存储介质（如U盘、移动硬盘）和计算机网络两大途径进行传播。

15. A【解析】计算机只能直接识别机器语言，且机器语言和汇编语言是两种不同的语言。

16. A【解析】ASCII码（用十六进制表示）为：空格对应20，0对应30，A对应41，a对应61。

17. A【解析】国标码是汉字信息交换的标准编码，但因其前后字节的最高位为0，与ASCII码发生冲突，于是，汉字的机内码采用变形国标码，其变换方法为：将国标码的每个字节都加上128，即将两个字节的最高位由0改1，其余7位不变，因此机内码前后字节最高位都为1。

18. D【解析】打印机质量从高到低依次为激光打印机、喷墨打印机、点阵打印机、针式打印机。

19. A【解析】计算机的硬件由输入、存储、运算、控制和输出五个部分组成。

20. B【解析】断电后RAM内的数据会丢失，ROM、硬盘、软盘中的数据不丢失。

真考题库训练 8

1. 字长是 CPU 的主要性能指标之一，它表示（　　）。

A. CPU 一次能处理二进制数据的位数

B. 最长的十进制整数的位数

C. 最大的有效数字位数

D. 计算结果的有效数字长度

2. 字长为 7 位的无符号二进制整数能表示的十进制整数的数值范围是（　　）。

A. 0～ 128

B. 0～ 255

C. 0～ 127

D. 1～ 127

3. 根据汉字国标 GB 2312—80 的规定，1 KB 存储容量可以存储汉字的内码个数是（　　）。

A. 1024

B. 512

C. 256

D. 约 341

4. 十进制整数 64 转换为二进制整数等于（　　）。

A. 1100000

B. 1000000

C. 1000100

D. 1000010

5. 在所列的软件中，1. WPS Office 2016；2. Windows 10；3. 财务管理软件；4. UNIX；5. 学籍管理系统；6. MS–DOS；7. Linux；属于应用软件的有（　　）。

A. 1，2，3

B. 1，3，5

C. 1，3，5，7

D. 2，4，6，7

6. 汉字国标码（GB 2312—80）把汉字分成（　　）。

A. 简化字和繁体字两个等级

B. 一级汉字，二级汉字和三级汉字三个等级

C. 一级常用汉字，二级次常用汉字两个等级

D. 常用字，次常用字，罕见字三个等级

7. 一个完整的计算机系统应该包含（　　）。

A. 主机、键盘和显示器

B. 系统软件和应用软件

C. 主机、外设和办公软件

D. 硬件系统和软件系统

8. 微机的硬件系统中，最核心的部件是（　　）。

A. 内存储器

B. 输入/输出设备

C. CPU

D. 硬盘

9. 在 ASCII 码表中，根据码值由小到大的排列顺序是（　　）。

A. 空格字符、数字符、大写英文字母、小写英文字母

B. 数字符、空格字符、大写英文字母、小写英文字母

C. 空格字符、数字符、小写英文字母、大写英文字母

D. 数字符、大写英文字母、小写英文字母、空格字符

10. 在 CD 光盘上标记有“CD－RW”字样，此标记表明这个光盘（　　）。

A. 只能写入一次，可以反复读出的一次性写入光盘

B. 可多次擦除型光盘

C. 只能读出，不能写入的只读光盘

D. RW 是 ReadandWrite 的缩写

11. 下列叙述中，错误的是（　　）。

A. 硬盘在主机箱内，它是主机的组成部分

B. 硬盘是外部存储器之一

C. 硬盘的技术指标之一是每分钟的转速 r/m

D. 硬盘与 CPU 之间不能直接交换数据

12. 已知三个用不同数制表示的整数 A＝00111101B，B＝3CH，C＝64D，则能成立的比较关系是（　　）。

A. A<B

B. B<C

C. B<A

D. C<B

13. 计算机软件分系统软件和应用软件两大类，系统软件的核心是（　　）。

A. 数据库管理系统

B. 操作系统

C. 程序语言系统

D. 财务管理系统

14. 下列各项中，正确的电子邮箱地址是（　　）。

A. L202@sina. com

B. TT202＃yahoo. com

C. A112. 256. 23. 8

D. K201yahoo. com. cn

15. 现代微型计算机中所采用的电子器件是（　　）。

A. 电子管

B. 晶体管

C. 小规模集成电路

D. 大规模和超大规模集成电路

16. 下列叙述中，正确的是（　　）。

A. 一个字符的标准 ASCIl 码占一个字节的存储量，其最高位二进制总为 0

B. 大写英文字母的 ASCII 码值大于小写英文字母的 ASCII 码值

C. 同一个英文字母（如 A）的 ASCII 码和它在汉字系统下的全角内码是相同的

D. 一个字符的 ASCII 码与它的内码是不同的。

17. 组成计算机硬件系统的基本部分是（　　）。

A. CPU、键盘和显示器

B. 主机和输入/输出设备

C. CPU 和输入/输出设备

D. CPU、硬盘、键盘和显示器

18. 在计算机指令中，规定其所执行操作功能的部分称为（　　）。

A. 地址码

B. 源操作数

C. 操作数

D. 操作码

19. 下列叙述中，正确的是（　　）。

A. 计算机病毒只在可执行文件中传染

B. 计算机病毒主要通过读/写移动存储器或 Internet 网络进行传播

C. 只要删除所有感染了病毒的文件就可以彻底消除病毒

D. 计算机杀病毒软件可以查出和清除任意已知的和未知的计算机病毒

20. 拥有计算机并以拨号方式接入 Internet 网的用户需要使用（　　）。

A. CD－ROM

B. 鼠标

C. 软盘

D. Modem

参考答案及解析

1. A【解析】字长是指计算机运算部件一次能同时处理的二进制数据的位数。

2. C【解析】无符号二进制数的第一位可为 0，所以当全为 0 时，最小值为 0，当全为 1 时，最大值为 $2^8-1=127$。

3. B【解析】一个汉字等于 2B，也就是说，1 KB=1 024 B，所以可以放 512 个。

4. B【解析】$64=2^6$，所以 64 的二进制为 1000000。

5. B【解析】Windows7、UNIX、MS－DOS、Linux 为系统软件。

6. C【解析】在国标码的字符集中，收集了一级汉字 3 755 个，二级汉字 3 008 个，图形符号 682 个。

7. D【解析】一个完整的计算机系统应该包括硬件系统和软件系统两部分。

8. C【解析】CPU 是计算机的核心部件。

9. A【解析】ASCII 码编码顺序从小到大为：空格、数字、大写字母、小写字母。

10. B【解析】CD－RW 是可擦除型光盘，用户可以多次对其进行读/写。CD－RW 的全称是 CD－ReWritable。

11. A【解析】主机包括 CPU、主板及内存，而硬盘属于外存。

12. C【解析】数字都转化为二进制数字：64D＝010000008，3CH＝001111008，故 C>A>B。

13. B【解析】系统软件主要包括操作系统、语言处理系统、系统性能检测和实用工具软件等，其中最主要的是操作系统。

14. A【解析】电子邮件地址由以下几个部分组成：用户名@域名．后缀。

15. D【解析】计算机采用的电子器件为：第一代是电子管，第二代是晶体管，第三代是中、小规模集成电路，第四代是大规模、超大规模集成电路。现代计算机属于第四代计算机。

16. D【解析】国际通用的 ASCII 码为 7 位，最高位不总为 0，大写字母的 ASCII 码值小于小写字母的 ASCII 码值，ASCII 码和内码不同。

17. B【解析】计算机的硬件由输入、存储、运算、控制和输出五个部分组成。

18. D【解析】计算机指令中操作码规定所执行的操作，操作数规定参与所执行操作的数据。

19. B【解析】计算机病毒主要通过移动存储介质（如 U 盘、移动硬盘）和计算机网络两大途径进行传播。

20. D【解析】计算机以拨号接入 Internet 网时是用的电话线，但它只能传输模拟信号，如果要传输数字信号必须用调制解调器（Modem）把它转化为模拟信号。

真考题库训练 9

1. 一个汉字的内码长度为 2 字节，其每个字节的最高二进制位的值分别为（　　）。

A. 0，0

B. 1，1

C. 1，0

D. 0，1

2. 当代微型机中所采用的电子元器件是（　　）。

A. 电子管

B. 晶体管

C. 小规模集成电路

D. 大规模和超大规模集成电路

3. 二进制数 1100100 等于十进制数（　　）。

A. 96

B. 100

C. 104

D. 112

4. 十进制数 89 转换成二进制数是（　　）。

A. 1010101

B. 1011001

C. 1011011

D. 1010011

5. 下列叙述中，正确的是（　　）。

A. 计算机能直接识别并执行用高级程序语言编写的程序

B. 用机器语言编写的程序可读性最差

C. 机器语言就是汇编语言

D. 高级语言的编译系统是应用程序

6. 度量处理器 CPU 时钟频率的单位是（　　）。

A. MIPS

B. MB

C. MHz

D. Mbps

7. 计算机的硬件系统主要包括：中央处理器（CPU）、存储器、输出设备和（　　）。

A. 键盘

B. 鼠标

C. 输入设备

D. 扫描仪

8. 把存储在硬盘上的程序传送到指定的内存区域中，这种操作称为（　　）。

A. 输出

B. 写盘

C. 输入

D. 读盘

9. 一个汉字的 16×16 点阵字形码长度的字节数是（　　）。

A. 16

B. 24

C. 32

D. 40

10. 计算机的系统总线是计算机各部件间传递信息的公共通道，它分（　　）。

A. 数据总线和控制总线

B. 地址总线和数据总线

C. 数据总线、控制总线和地址总线

D. 地址总线和控制总线

11. 汉字区位码分别用十进制的区号和位号表示。其区号和位号的范围分别是（　　）。

A. 0～94，0～94

B. 1～95，1～95

C. 1～94，1～94

D. 0～95，0～95

12. 下列两个二进制数进行算术加运算，100001＋111＝（　　）

A. 101110

B. 101000

C. 101010

D. 100101

13. 王码五笔字型输入法属于（　　）。

A. 音码输入法

B. 形码输入法

C. 音形结合的输入法

D. 联想输入法

14. 计算机网络最突出的优点是（　　）。

A. 精度高

B. 共享资源

C. 运算速度快

D. 容量大

15. 计算机操作系统通常具有的五大功能是（　　）。

A. CPU 管理、显示器管理、键盘管理、打印机管理和鼠标管理

B. 硬盘管理、软盘驱动器管理、CPU 的管理、显示器管理和键盘管理

C. 处理器（CPU）管理、存储管理、文件管理、设备管理和作业管理

D. 启动、打印、显示、文件存取和关机

16. 组成 CPU 的主要部件是控制器和（　　）。

A. 存储器

B. 运算器

C. 寄存器

D. 编辑器

17. 在下列字符中，其 ASCII 码值最大的一个是（　　）。

A. Z

B. 9

C. 空格字符

D. a

18. 组成一个计算机系统的两个部分是（　　）。

A. 系统软件和应用软件

B. 主机和外部设备

C. 硬件系统和软件系统

D. 主机和输入/输出设备

19. 冯·诺依曼（von Neumann）在他的 EDVAC 计算机方案中，提出了两个重要的概念，它们是（　　）。

A. 采用二进制和存储程序控制的概念

B. 引入 CPU 和内存储器的概念

C. 机器语言和十六进制

D. ASCII 编码和指令系统

20. 计算机病毒除通过读/写或复制移动存储器上带病毒的文件传染外，另一条主要的传染途径是（　　）。

A. 网络

B. 电源电缆

C. 键盘

D. 输入有逻辑错误的程序

参考答案及解析

1. B【解析】汉字的内码＝汉字的国标码＋8080H，所以汉字内码的最高位为1。

2. D【解析】计算机采用的电子器件：第一代是电子管，第二代是晶体管，第三代是中、小规模集成电路，第四代是大规模、超大规模集成电路。当代计算机属于第四代计算机。

3. B【解析】二进制转化为十进制为 $2^6+2^5+2^2=100$。

4. B【解析】$89=2^6+2^4+2^3+2^0$，所以89的二进制为：1011001。

5. B【解析】计算机只能直接识别机器语言，机器语言不同于汇编语言，高级语言的编译系统是编译器。

6. C【解析】MI/S是运算速度，MB是存储容量，Mb/s是传输速率。

7. C【解析】计算机硬件包括CPU、存储器、输入设备、输出设备。

8. D【解析】把内存中数据传送到计算机硬盘中去，称为写盘。把硬盘上的数据传送到计算机的内存中去，称为读盘。

9. C【解析】在16×16的网格中描绘一个汉字，整个网格分为16行16列，每个小格用1位二进制编码表示，每一行需要16个二进制位，占2个字节，16行共占16×2＝32个字节。

10. C【解析】系统总线分为三类：数据总线、地址总线、控制总线。

11. C【解析】区位码：94×94阵列，区号范围：1～94，位号范围：1～94。

12. B【解析】100001＋111＝101000。

13. B【解析】形码：根据字形结构进行编码（赢笔），音码：根据发音进行编码（全拼、双拼），音形码：以拼音为主，辅以字形字义进行编码（自然码）。

14. B【解析】计算机网络由通信子网和资源子网两部分组成。通信子网的功能：负责全网的数据通信；资源子网的功能：提供各种网络资源和网络服务，实现网络的资源共享。

15. C【解析】操作系统的主要功能：CPU管理、存储管理、文件管理、设备管理和作业管理。

16. B【解析】运算器和控制器构成CPU的两大部件。

17. D【解析】ASCII码（用十六进制表示）为：空格对应20，9对应39，Z对应

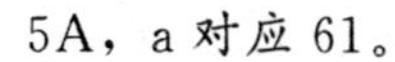

5A，a 对应 61。

18. C【解析】一个完整的计算机系统应该包括硬件和软件两部分。

19. A【解析】和 ENIAC 相比，EDVAC 的重大改进主要有两方面：一是把十进位制改成二进制，这样可以充分发挥电子元件高速运算的优越性；二是把程序和数据一起存储在计算机内，这样就可以方便全部运算成为真正的自动过程。

20. A【解析】计算机病毒主要通过移动存储介质（如 U 盘、移动硬盘）和计算机网络两大途径进行传播。

真考题库训练 10

1. 一个字长为 6 位的无符号二进制数能表示的十进制数值范围是（　　）。

A. 0～ 64

B. 0～ 63

C. 1～ 64

D. 1～ 63

2. Internet 实现了分布在世界各地的各类网络的互联，其最基础和核心的协议是（　　）。

A. HTTP

B. TCP/IP

C. HTML

D. FTP

3. 假设邮件服务器的地址是 email. bj163. com，则用户正确的电子邮箱地址的格式是（　　）。

A. 用户名#email. bj163. com

B. 用户名@email. bj163. com

C. 用户名 email. bj163. com

D. 用户名 $ email. bj163. com

4. 下列说法中，正确的是（　　）。

A. 只要将高级程序语言编写的源程序文件（如 try. c）的扩展名更改为 . exe，则它就成为可执行文件了

B. 高档计算机可以直接执行用高级程序语言编写的程序

C. 源程序只有经过编译和链接后才能成为可执行程序

D. 用高级程序语言编写的程序可移植性和可读性都很差

5. 计算机技术中，下列不是度量存储器容量的单位是（　　）。

A. KB

B. MB

C. GHz

D. GB

6. 能保存网页地址的文件夹是（　　）。

A. 收件箱

B. 公文包

C. 我的文档

D. 收藏夹

7. 根据汉字国标 GB 2312—80 的规定，一个汉字的内码码长为（　　）。

A. 8 b

B. 12 b

C. 16 b

D. 24 b

8. 十进制数 101 转换成二进制数是（　　）。

A. 01101011

B. 01100011

C. 01100101

D. 01101010

9. 下列选项中，既可作为输入设备又可作为输出设备的是（　　）。

A. 扫描仪

B. 绘图仪

C. 鼠标

D. 磁盘驱动器

10. 操作系统的主要功能是（　　）。

A. 对用户的数据文件进行管理，为用户管理文件提供方便

B. 对计算机的所有资源进行统一控制和管理，为用户使用计算机提供方便

C. 对源程序进行编译和运行

D. 对汇编语言程序进行翻译

11. 已知 a=00111000B 和 b=2FH，则两者比较的正确不等式是（　　）。

A. a>b

B. a=b

C. a

D. 不能比较

12. 在下列字符中，其 ASCII 码值最小的一个是（　　）。

A. 9

B. P

C. Z

D. a

13. 下列叙述中，正确的是（　　）。

A. 所有计算机病毒只在可执行文件中传染

B. 计算机病毒主要通过读/写移动存储器或 Internet 网络进行传播

C. 只要把带病毒的 U 盘设置成只读状态，那么此盘上的病毒就不会因读盘而传染给另一台计算机

D. 计算机病毒是由于光盘表面不清洁而造成的

14. Modem 是计算机通过电话线接入 Internet 时所必需的硬件，它的功能是（　　）。

A. 只将数字信号转换为模拟信号

B. 只将模拟信号转换为数字信号

C. 为了在上网的同时能打电话

D. 将模拟信号和数字信号互相转换

15. 下列叙述中，错误的是（　　）。

A. 内存储器一般由 ROM 和 RAM 组成

B. RAM 中存储的数据一旦断电就会全部丢失

C. CPU 可以直接存取硬盘中的数据

D. 存储在 ROM 中的数据断电后也不会丢失

16. 计算机网络的主要目标是实现（　　）。

A. 数据处理

B. 文献检索

C. 快速通信和资源共享

D. 共享文件

17. 办公室自动化（OA）是计算机的一大应用领域，按计算机应用的分类，它属于（　　）。

A. 科学计算

B. 辅助设计

C. 实时控制

D. 数据处理

18. 组成一个完整的计算机系统应该包括（　　）。

A. 主机、鼠标、键盘和显示器

B. 系统软件和应用软件

C. 主机、显示器、键盘和音箱等外部设备

D. 硬件系统和软件系统

19. 为了提高软件开发效率，开发软件时应尽量采用（　　）。

A. 汇编语言

B. 机器语言

C. 指令系统

D. 高级语言

20. 按照数的进位制概念，下列各数中正确的八进制数是（　　）。

A. 8707

B. 1101

C. 4109

D. 10BF

参考答案及解析

1. B【解析】无符号二进制数的第一位可为 0，所以当全为 0 时最小值为 0，当全为 1 时最大值为 26－1＝63。

2. B【解析】Internet 实现了分布在世界各地的各类网络的互联，其最基础和核心的协议是 TCP/IP。HTTP 是超文本传输协议，HTML 是超文本标志语言，FTP 是文件传输协议。

3. B【解析】电子邮件地址由以下几个部分组成：用户名@域名．后缀。

4. C【解析】计算机只能直接执行机器语言，高级语言要经过编译链接后才能被执行，高级语言的可移植性和可读性都很好。

5. C【解析】GHz 是主频的单位。

6. D【解析】收藏夹可以保存网页地址。

7. C【解析】一个汉字是两个字节，一字节是 8 b，所以就是 16 b。

8. C【解析】$2^6+2^5+2^2+2^0=101$，所以 101 的二进制为 01100101。

9. D【解析】绘图仪是输出设备，扫描仪是输入设备，鼠标是输入设备，磁盘驱动器既能将存储在磁盘上的信息读进内存中，又能将内存中的信息写到磁盘上。因此，就认为它既是输入设备，又是输出设备。

10. B【解析】操作系统的主要功能是管理计算机的所有资源（硬件和软件）。

11. A【解析】2FH＝00101111B＜001110008，故 a＞b。

12. A【解析】ASCII 码（用十六进制表示）为：9 对应 39，P 对应 70，Z 对应 5A，a 对应 61。

13. B【解析】计算机病毒主要通过移动存储介质（如 U 盘、移动硬盘）和计算机网络两大途径进行传播。

14. D【解析】调制解调器（即 Modem），是计算机与电话线之间进行信号转换的装置，由调制器和解调器两部分组成，调制器是把计算机的数字信号调制成可在电话线上传输的声音信号的装置，在接收端，解调器再把声音信号转换成计算机能接收的数字信号。

15. C【解析】CPU 只能直接存取内存中的数据。

16. C【解析】计算机网络由通信子网和资源子网两部分组成。通信子网的功能是负责全网的数据通信；资源子网的功能是提供各种网络资源和网络服务，实现网络资源的共享。

17. D【解析】办公自动化包括网络化的大规模信息处理系统。

18. D【解析】一个完整的计算机系统应该包括硬件和软件两部分。

19. D【解析】汇编语言的开发效率很低，但运行效率高；高级语言的开发效率高，但运行效率较低。

20. B【解析】八进制数只有0～7。

第 2 部分　Windows 操作系统的使用

真考题库训练 1

一、素材路径

实训素材\第 2 部分 Windows 操作系统的使用\真考题库训练 1\考生文件夹

二、题目要求

1. 将考生文件夹下的 BROWN 文件夹设置为隐藏属性。

2. 将考生文件夹下的 BRUST 文件夹移动到考生文件夹下 TURN 文件夹中，并改名为 FENG。

3. 将考生文件夹下 FTP 文件夹中的文件 BEER. DOC 复制到同一文件夹下，并命名为 BEER2. DOC。

4. 将考生文件夹下 DSK 文件夹中的文件 BRAND. BPF 删除。

5. 在考生文件夹下 LUY 文件夹中建立一个名为 BRAIN 的文件夹。

三、操作步骤

1. 设置文件夹属性

①选中考生文件夹下 BROWN 文件夹；

②选择【文件】|【属性】命令，或单击鼠标右键，弹出快捷菜单，选择“属性”命令，即可打开“属性”对话框；

③在“属性”对话框中勾选“隐藏”属性，单击“确定”按钮。

2. 移动文件夹和文件夹命名

①选中考生文件夹下 BRUST 文件夹；

②选择【编辑】|【剪切】命令，或按快捷键【Ctrl+X】；

③打开考生文件夹下 TURN 文件夹；

④选择【编辑】|【粘贴】命令，或按快捷键【Ctrl+V】；

⑤选中移动来的文件夹；

⑥按 F2 键，此时文件（文件夹）的名字处呈现蓝色可编辑状态，编辑名称为题目指定的名称 FENG。

3．复制文件和文件命名

①打开考生文件夹下 FTP 文件夹，选中 BEER．DOC 文件；

②选择【编辑】｜【复制】命令，或按快捷键【Ctrl＋C】；

③选择【编辑】｜【粘贴】命令，或按快捷键【Ctrl＋V】；

④选中复制来的文件；

⑤按 F2 键，此时文件（文件夹）的名字处呈现蓝色可编辑状态，编辑名称为题目指定的名称 BEER2. DOC。

4．删除文件

①打开考生文件夹下 DSK 文件夹，选中要删除的 BRAND. BPF 文件；

②按【Delete】键，弹出确认对话框；

③单击“确定”按钮，将文件（文件夹）删除到回收站。

5．新建文件夹

①打开考生文件夹下 LUY 文件夹；

②选择【文件】｜【新建】｜【文件夹】命令，或单击鼠标右键，弹出快捷菜单，选择【新建】｜【文件夹】命令，即可生成新的文件夹，此时文件（文件夹）的名字处呈现蓝色可编辑状态。编辑名称为题目指定的名称 BRAIN。

真考题库训练2

一、素材路径

实训素材\第2部分 Windows操作系统的使用\真考题库训练2\考生文件夹

二、题目要求

1. 在考生文件夹下创建名为MING.DOC的文件。

2. 将考生文件夹下XING\BAO文件夹中的文件XHA.EXE设置成只读属性。

3. 删除考生文件夹下SO文件夹中的MEN文件夹。

4. 为考生文件夹下lABS文件夹中的GUN.EXE文件建立名为GUN的快捷方式，存放在考生文件夹下。

5. 搜索考生文件夹下的TE.XLS文件，然后将其复制到考生文件夹下的WEN文件夹中。

三、操作步骤

1. 新建文件

①打开考生文件夹；②选择【文件】|【新建】|【Microsoft Word文档】命令，或单击鼠标右键，弹出快捷菜单，选择【新建】|【Microsoft Word文档】命令，即可生成新的文件，此时文件（文件夹）的名字处呈现蓝色可编辑状态。编辑名称为题目指定的名称MING.DOC。

2. 设置文件属性

①打开考生文件夹下XING\BAO文件夹，选定XHA.EXE文件；②选择【文件】|【属性】命令，或单击鼠标右键弹出快捷菜单，选择“属性”命令，即可打开“属性”对话框；③在“属性”对话框中勾选“只读”属性，单击“确定”按钮。

3. 删除文件夹

①打开考生文件夹下SO文件夹，选定MEN文件夹；②按【Delete】键，弹出确认对话框；③单击“确定”按钮，将文件（文件夹）删除到回收站。

4. 创建文件的快捷方式

①打开考生文件夹下lABS文件夹，选定GUN.EXE文件；②选择【文件】|【创建快捷方式】命令，或单击鼠标右键弹出快捷菜单，选择“创建快捷方式”命令，即可在同文件夹下生成一个快捷方式文件；③移动这个文件到考生文件夹下，并按F2键改

名为 GUN。

5. 搜索文件

①打开考生文件夹；②在工具栏右上角的搜索对话框中输入要搜索的文件名 TE. XLS，单击搜索对话框右侧“🔍”按钮，搜索结果将显示在文件窗格中。

复制文件

①选定搜索出的文件；②选择【编辑】|【复制】命令，或按快捷键【Ctrl＋C】；③打开考生文件夹下的 WEN 文件夹；④选择【编辑】|【粘贴】命令，或按快捷键【Ctrl＋V】。

真考题库训练 3

一、素材路径

实训素材\第 2 部分 Windows 操作系统的使用\真考题库训练 3\考生文件夹

二、题目要求

1. 在考生文件夹下的 XIN 文件夹中分别建立名为 HUA 的文件夹和一个名为 ABC. DBF 的文件。

2. 搜索考生文件夹下以 A 字母开头的 DLL 文件，然后将其复制在考生文件夹下的 HUA 文件夹下。

3. 为考生文件夹下的 XYA 文件夹建立名为 XYB 的快捷方式，存放在考生文件夹下。

4. 将考生文件夹下的 PAX 文件夹中的 EXE 文件夹取消隐藏属性。

5. 将考生文件夹下的 ZAY 文件夹移动到考生文件夹下 QWE 文件夹中，重命名为 XIN。

三、操作步骤

1. 新建文件夹

①打开考生文件夹下的 XIN 文件夹；

②选择【文件】｜【新建】｜【文件夹】命令，或单击鼠标右键，弹出快捷菜单，选择【新建】｜【文件夹】命令，即可生成新的文件夹，此时文件（文件夹）的名字处呈现蓝色可编辑状态。编辑名称为题目指定的名称 ABC. DBF。

2. 搜索文件

①打开考生文件夹；

②在工具栏右上角的搜索对话框中输入要搜索的文件名“A＊. DLL”，单击搜索对话框右侧“ ”按钮，搜索结果将显示在文件窗格中。（＊是通配符，表示任意一组字符）

3. 复制文件

①选定搜索出的文件；

②选择【编辑】｜【复制】命令，或按快捷键【Ctrl+C】；

③打开考生文件夹下的 HUA 文件夹；

④选择【编辑】｜【粘贴】命令，或按快捷键【Ctrl+V】。

4. 创建文件夹的快捷方式

①选定考生文件夹下生成快捷方式的XYA文件夹；

②选择【文件】｜【创建快捷方式】命令，或单击鼠标右键弹出快捷菜单，选择“创建快捷方式”命令，即可在同文件夹下生成一个快捷方式文件；

③移动这个文件到考生文件夹下，并按F2键改名为XYB。

5. 设置文件夹属性

①打开考生文件夹下PAX文件夹，选定EXE文件夹；

②选择【文件】｜【属性】命令，或单击鼠标右键弹出快捷菜单，选择“属性”命令，即可打开“属性”对话框；

③在“属性”对话框中勾选“隐藏”属性，单击“确定”按钮。

6. 移动文件夹和文件夹命名

①选定考生文件夹下ZAY文件夹；

②选择【编辑】｜【剪切】命令，或按快捷键【Ctrl+X】；

③打开考生文件夹下QWE文件夹；

④选择【编辑】｜【粘贴】命令，或按快捷键【Ctrl+V】；

⑤选定移动来的文件夹；

⑥按F2键，此时文件（文件夹）的名字处呈现蓝色可编辑状态，编辑名称为题目指定的名称XIN。

真考题库训练 4

一、素材路径

实训素材\第 2 部分 Windows 操作系统的使用\真考题库训练 4\考生文件夹

二、题目要求

1. 将考生文件夹下 CHU\XIONG 文件夹中的文件 WIND. DOC 删除。

2. 在考生文件夹下 JI\GUAN 文件夹中建立一个新文件夹 KAO。

3. 将考生文件夹下 INTEL 文件夹中的文件 DEC. CGF 设置为隐藏属性。

4. 将考生文件夹下 FEI 文件夹中的文件 CHA. MEM 移动到考生文件夹下，并将该文件改名为 SUO. MEM。

5. 考生文件夹下第二个字母是 A 的所有文本文件，将其移动到考生文件夹下的 TXT 文件夹下。

三、操作步骤

1. 删除文件

①打开考生文件夹下 CHU\XIONG 文件夹，选定 WIND. DOC 文件；

②按【Delete】键，弹出确认对话框；

③单击“确定”按钮，将文件（文件夹）删除到回收站。

2. 新建文件夹

①打开考生文件夹下的 JI\GUAN 文件夹；

②选择【文件】|【新建】|【文件夹】命令，或单击鼠标右键，弹出快捷菜单，选择【新建】|【文件夹】命令，即可生成新的文件夹，此时文件（文件夹）的名字处呈现蓝色可编辑状态。编辑名称为题目指定的名称 KAO。

3. 设置文件属性

①打开考生文件夹下的 INEL 文件夹，选定 DEC. CGF 文件；

②选择【文件】|【属性】命令，或单击鼠标右键弹出快捷菜单，选择“属性”命令，即可打开“属性”对话框；

③在“属性”对话框中勾选“隐藏”属性，单击“确定”按钮。

4. 移动文件和文件命名

①打开考生文件夹下 FEI 文件夹，选定 CHA. MEM 文件；

②选择【编辑】｜【剪切】命令，或按快捷键【Ctrl+X】；

③打开考生文件夹；

④选择【编辑】｜【粘贴】命令，或按快捷键【Ctrl+V】；

⑤选定移动来的文件夹；

⑥按 F2 键，此时文件（文件夹）的名字处呈现蓝色可编辑状态，编辑名称为题目指定的名称 SUO. MEM。

5. 搜索文件

①打开考生文件夹；

②在工具栏右上角的搜索对话框中输入要搜索的文件名“？A＊. TXT”，单击搜索对话框右侧“ ”按钮，搜索结果将显示在文件窗格中。（？和＊都是通配符，前者表示任意一个字符，后者表示任意一组字符）

移动文件

①选定搜索出的文件；

②选择【编辑】｜【剪切】命令，或按快捷键【Ctrl+X】；

③打开考生文件夹下 TXT 文件夹；

④选择【编辑】｜【粘贴】命令，或按快捷键【Ctrl+V】。

真考题库训练5

一、素材路径

实训素材\第2部分Windows操作系统的使用\真考题库训练5\考生文件夹

二、题目要求

1. 在考生文件夹下KUB文件夹中新建名为BRNG的文件夹。

2. 将考生文件夹下BINNA\AFEW文件夹中的LI.DOC文件复制到考生文件夹下。

3. 将考生文件夹下QPM文件夹中JING.WRI文件的“只读”属性撤销。

4. 搜索考生文件夹中的AUTXIAN.BAT文件，然后将其删除。

5. 为考生文件夹下XIANG文件夹建立名为KXIANG的快捷方式，并存放在考生文件夹下的POB文件夹中。

三、操作步骤

1. 新建文件夹

①打开考生文件夹下KUB文件夹；②选择【文件】|【新建】|【文件夹】命令，或单击鼠标右键，弹出快捷菜单，选择【新建】|【文件夹】命令，即可生成新的文件夹，此时文件（文件夹）的名字处呈现蓝色可编辑状态。编辑名称为题目指定的名称BRNG。

2. 复制文件

①打开考生文件夹下BINNA\AFEW文件夹，选定LI.DOC文件；②选择【编辑】|【复制】命令，或按快捷键【Ctrl+C】；③打开考生文件夹，选择【编辑】|【粘贴】命令，或按快捷键【Ctrl+V】。

3. 设置文件属性

①打开考生文件夹下QPM文件夹，选定JING.WRI文件；②选择【文件】|【属性】命令，或单击鼠标右键弹出快捷菜单，选择“属性”命令，即可打开“属性”对话框；③在“属性”对话框中勾选“只读”属性，单击“确定”按钮。

4. 搜索文件

①打开考生文件夹；②在工具栏右上角的搜索对话框中输入要搜索的文件名AUTXIAN.BAT，单击搜索对话框右侧“🔍”按钮，搜索结果将显示在文件窗格中。

删除文件

①选定搜索出的文件；②按【Delete】键，弹出确认对话框；③单击“确定”按钮，将文件（文件夹）删除到回收站。

5. 创建文件夹的快捷方式

①选定考生文件夹下的 XIANG 文件夹；②选择【文件】|【创建快捷方式】命令，或单击鼠标右键弹出快捷菜单，选择“创建快捷方式”命令，即可在同文件夹下生成一个快捷方式文件；③移动这个文件到考生文件夹 POB 下，并按 F2 键改名为 KXIANG。

真考题库训练 6

一、素材路径

实训素材\第2部分 Windows操作系统的使用\真考题库训练6\考生文件夹

二、题目要求

1. 在考生文件夹中分别建立DA和JB两个文件夹。

2. 在DA文件夹中新建一个名为PENG.TXT的文件。

3. 将考生文件夹下TEA文件夹中的SUNG.DOC文件复制到考生文件夹下JB文件夹中。

4. 为考生文件夹下HONG文件夹中的TAB.EXE文件建立名为TAB的快捷方式，存放在DA文件夹中。

5. 搜索考生文件夹下的HUA.DBF文件，然后将其移动到考生文件夹下的DBF文件夹中。

三、操作步骤

1. 新建文件夹

①打开考生文件夹；②选择【文件】|【新建】|【文件夹】命令，或单击鼠标右键，弹出快捷菜单，选择【新建】|【文件夹】命令，即可生成新的文件夹，此时文件（文件夹）的名字处呈现蓝色可编辑状态。编辑名称为题目指定的名称DA和JB。

2. 新建文件

①打开考生文件夹下的DA文件夹；②选择【文件】|【新建】|【文本文档】命令，或单击鼠标右键，弹出快捷菜单，选择【新建】|【文本文档】命令，即可生成新的文件，此时文件（文件夹）的名字处呈现蓝色可编辑状态。编辑名称为题目指定的名称PENG.TXT。

3. 复制文件

①打开考生文件夹下TEA文件夹，选定SUNG.DOC文件；②选择【编辑】|【复制】命令，或按快捷键【Ctrl+C】；③打开考生文件夹下JB文件夹；④选择【编辑】|【粘贴】命令，或按快捷键【Ctrl+V】。

4. 创建文件的快捷方式

①打开考生文件夹下的HONG文件夹，选定要生成快捷方式的TAB.EXE文

件；②选择【文件】｜【创建快捷方式】命令，或单击鼠标右键弹出快捷菜单，选择“创建快捷方式”命令，即可在同文件夹下生成一个快捷方式文件；③移动这个文件到考生文件夹下 DA 文件夹中，并按 F2 键改名为 TAB。

5. 搜索文件

①打开考生文件夹；②在工具栏右上角的搜索对话框中输入要搜索的文件名 HUA. DBF，单击搜索对话框右侧“ 🔍 ”按钮，搜索结果将显示在文件窗格中。

移动文件

①选定搜索出的文件；②选择【编辑】｜【复制】命令，或按快捷键【Ctrl＋X】；③打开考生文件夹下的 DBF 文件夹；④选择【编辑】｜【粘贴】命令，或按快捷键【Ctrl＋V】。

真考题库训练 7

一、素材路径

实训素材 \ 第 2 部分 Windows 操作系统的使用 \ 真考题库训练 7 \ 考生文件夹

二、题目要求

1. 在考生文件夹下新建 HAB1 文件夹和 HAB2 文件夹。

2. 将考生文件夹下 VOTUNA 文件夹中的 BACK. FOR 文件复制到 HAB1 文件夹中。

3. 为考生文件夹下 DONG 文件夹中的 KDD. PAS 文件建立名为 KDD 的快捷方式，并存放在考生文件夹下。

4. 将考生文件夹下 PANG \ PRODUCT 文件夹设置为“隐藏”属性。

5. 搜索考生文件夹中的 UYC. BAT 文件，然后将其删除。

三、操作步骤

1. 新建文件夹

①打开考生文件夹；②选择【文件】｜【新建】｜【文件夹】命令，或单击鼠标右键，弹出快捷菜单，选择【新建】｜【文件夹】命令，即可生成新的文件夹，此时文件（文件夹）的名字处呈现蓝色可编辑状态。编辑名称为题目指定的名称 HAB1 和 HAB2。

2. 复制文件

①打开考生文件夹下 VOTUNA 文件夹，选定 BACK. FOR 文件；②选择【编辑】｜【复制】命令，或按快捷键【Ctrl+C】；③打开考生文件夹下 HAB1 文件夹，选择【编辑】｜【粘贴】命令，或按快捷键【Ctrl+V】。

3. 创建文件的快捷方式

①打开考生文件夹下的 DONG 文件夹，选定 KDD. PAS 文件；②选择【文件】｜【创建快捷方式】命令，或单击鼠标右键弹出快捷菜单，选择“创建快捷方式”命令，即可在同文件夹下生成一个快捷方式文件；③移动这个文件到考生文件夹下，并按 F2 键改名为 KDD。

4. 设置文件夹属性

①选定考生文件夹下 PANG \ PRODUCT 文件夹；②选择【文件】｜【属性】命

令，或单击鼠标右键弹出快捷菜单，选择“属性”命令，即可打开“属性”对话框；③在“属性”对话框中勾选“隐藏”属性，单击“确定”按钮。

5. 搜索文件

①打开考生文件夹；②在工具栏右上角的搜索对话框中输入要搜索的文件名UYC. BAT，单击搜索对话框右侧“🔍”按钮，搜索结果将显示在文件窗格中。

删除文件

①选定搜索出的文件；②按【Delete】键，弹出确认对话框；③单击“确定”按钮，将文件（文件夹）删除到回收站。

真考题库训练 8

一、素材路径

实训素材 \ 第 2 部分 Windows 操作系统的使用 \ 真考题库训练 8 \ 考生文件夹

二、题目要求

1. 在考生文件夹下 BIAO 文件夹中新建名为 BEI. TXT 的文件。

2. 将考生文件夹下 XYZ 文件夹中的文件 SHU. EXE 设置成只读属性。

3. 删除考生文件夹下 BCD 文件夹。

4. 为考生文件夹下的 TEX 文件夹建立名为 TEXB 的快捷方式，存放在考生文件夹下的 MY 文件夹中。

5. 搜索考生文件夹下的 HONG. TXT 文件，然后将其复制到考生文件夹下的 BAG 文件夹中。

三、操作步骤

1. 新建文件

①打开考生文件夹下 BIAO 文件夹；

②选择【文件】｜【新建】｜【文本文档】命令，或单击鼠标右键，弹出快捷菜单，选择【新建】｜【文本文档】命令，即可生成新的文件，此时文件（文件夹）的名字处呈现蓝色可编辑状态。编辑名称为题目指定的名称 BEI. TXT。

2. 设置文件夹属性

①选定考生文件夹下的 XYZ 文件夹；

②选择【文件】｜【属性】命令，或单击鼠标右键弹出快捷菜单，选择“属性”命令，即可打开“属性”对话框；

③在“属性”对话框中勾选“只读”属性，单击“确定”按钮。

3. 删除文件夹

①选定考生文件夹下 BCD 文件夹；

②按【Delete】键，弹出确认对话框；

③单击“确定”按钮，将文件（文件夹）删除到回收站。

4. 创建文件夹的快捷方式

①选定考生文件夹下 TEX 文件夹；

②选择【文件】｜【创建快捷方式】命令，或单击鼠标右键弹出快捷菜单，选择“创建快捷方式”命令，即可在同文件夹下生成一个快捷方式文件；

③移动这个文件到考生文件夹下的MY文件夹，并按F2键改名为TEXB。

5. 搜索文件

①打开考生文件夹；

②在工具栏右上角的搜索对话框中输入要搜索的文件名HONG.TXT，单击搜索对话框右侧“🔍”按钮，搜索结果将显示在文件窗格中。

6. 复制文件

①选定搜索出的文件；

②选择【编辑】｜【复制】命令，或按快捷键【Ctrl＋C】；

③打开考生文件夹下的BAG文件夹；

④选择【编辑】｜【粘贴】命令，或按快捷键【Ctrl＋V】。

真考题库训练 9

一、素材路径

实训素材 \ 第 2 部分 Windows 操作系统的使用 \ 真考题库训练 9 \ 考生文件夹

二、题目要求

1. 在考生文件夹中新建一个 Word 文件夹。

2. 将考生文件夹下 SHOU \ JI 文件夹中的 QA. C 文件重命名为 CAB. C。

3. 将考生文件夹下 A2005 文件夹中的文件 CHUN. JPG 移动到考生文件夹中，并将该文件重命名为 HADIAN. JPG。

4. 将考生文件夹下 LINE \ FAT 文件夹中的文件 DOOR. COM 复制到考生文件夹下 DTS 文件夹中。

5. 为考生文件夹下 BOX 文件夹建立名为 BB 的快捷方式，存放在考生文件夹下的 KANG 文件夹中。

三、操作步骤

1. 新建文件夹

①打开考生文件夹；

②选择【文件】｜【新建】｜【文件夹】命令，或单击鼠标右键，弹出快捷菜单，选择【新建】｜【文件夹】命令，即可生成新的文件夹，此时文件（文件夹）的名字处呈现蓝色可编辑状态。编辑名称为题目指定的名称 Word。

2. 文件命名

①打开考生文件夹下 SHOU \ JI 文件夹，选定 QA. C 文件；

②按 F2 键，此时文件（文件夹）的名字处呈现蓝色可编辑状态，编辑名称为题目指定的名称 CAB. C。

3. 移动文件和文件命名

①打开考生文件夹下 A2005 文件夹，选定 CHUN. JPG 文件；

②选择【编辑】｜【剪切】命令，或按快捷键【Ctrl+X】；

③打开考生文件夹；

④选择【编辑】｜【粘贴】命令，或按快捷键【Ctrl+V】；

⑤选定移动来的文件；

⑥按 F2 键，此时文件（文件夹）的名字处呈现蓝色可编辑状态，编辑名称为题目指定的名称 HADIAN. JPG。

4. 复制文件

①打开考生文件夹下 LINE \ FAT 文件夹，选定 DOOR. COM 文件；

②选择【编辑】｜【复制】命令，或按快捷键【Ctrl+C】；

③打开考生文件夹下的 DTS 文件夹；

④选择【编辑】｜【粘贴】命令，或按快捷键【Ctrl+V】。

5. 创建文件夹的快捷方式

①选定考生文件夹下生成快捷方式 BOX 文件夹；

②选择【文件】｜【创建快捷方式】命令，或单击鼠标右键弹出快捷菜单，选择“创建快捷方式”命令，即可在同文件夹下生成一个快捷方式文件；

③移动这个文件到考生文件夹下的 KANG 文件夹，并按 F2 键改名为 BB。

真考题库训练 10

一、素材路径

实训素材\第 2 部分 Windows 操作系统的使用\真考题库训练 10\考生文件夹

二、题目要求

1. 在考生文件夹下创建名为 MING. DOC 的文件。

2. 将考生文件夹下 XING\BAO 文件夹中的文件 XHA. EXE 设置成只读属性。

3. 删除考生文件夹下 SO 文件夹中的 MEN 文件夹。

4. 为考生文件夹下 lABS 文件夹中的 GUN. EXE 文件建立名为 GUN 的快捷方式，存放在考生文件夹下。

5. 搜索考生文件夹下的 TE. XLS 文件，然后将其复制到考生文件夹下的 WEN 文件夹中。

三、操作步骤

1. 新建文件

①打开考生文件夹；②选择【文件】|【新建】|【Microsoft Word 文档】命令，或单击鼠标右键，弹出快捷菜单，选择【新建】|【Microsoft Word 文档】命令，即可生成新的文件，此时文件（文件夹）的名字处呈现蓝色可编辑状态。编辑名称为题目指定的名称 MING. DOC。

2. 设置文件属性

①打开考生文件夹下 XING\BAO 文件夹，选定 XHA. EXE 文件；②选择【文件】|【属性】命令，或单击鼠标右键弹出快捷菜单，选择“属性”命令，即可打开“属性”对话框；③在“属性”对话框中勾选“只读”属性，单击“确定”按钮。

3. 删除文件夹

①打开考生文件夹下 SO 文件夹，选定 MEN 文件夹；②按【Delete】键，弹出确认对话框；③单击“确定”按钮，将文件（文件夹）删除到回收站。

4. 创建文件的快捷方式

①打开考生文件夹下 lABS 文件夹，选定 GUN. EXE 文件；②选择【文件】|【创建快捷方式】命令，或单击鼠标右键弹出快捷菜单，选择“创建快捷方式”命令，即可在同文件夹下生成一个快捷方式文件；③移动这个文件到考生文件夹下，并按 F2 键改

名为 GUN。

5. 搜索文件

①打开考生文件夹；②在工具栏右上角的搜索对话框中输入要搜索的文件名 TE. XLS，单击搜索对话框右侧“🔍”按钮，搜索结果将显示在文件窗格中。

复制文件

①选定搜索出的文件；②选择【编辑】|【复制】命令，或按快捷键【Ctrl＋C】；③打开考生文件夹下的 WEN 文件夹；④选择【编辑】|【粘贴】命令，或按快捷键【Ctrl＋V】。

第 3 部分　Word 操作

真考题库训练 1

一、素材路径

实训素材 \ 第 3 部分 Word 操作 \ 真考题库训练 1 \ 考生文件夹

二、题目要求

1. 在考生文件夹下，打开文档 Word1. docx，按照要求完成下列操作并以该文件名（Word1. docx）保存文档。

【文档开始】

我国实行渔业污染调查鉴定资格制度

农业部今天向获得《渔业污染事故调查鉴定资格证书》的单位和《渔业污染事故调查鉴定上岗证》的个人颁发了证书。这标志着我国渔业污染事故的鉴定调查工作走上了科学和规范化的轨道。

据了解，这次全国共有 41 个单位和 440 名技术人员分别获得了此类证书。

农业部副部长齐景发表示，这项制度的实施，为及时查处渔业污染事故提供了技术保障，为法院依法调解、审判和渔业部门及时处理渔业污染事故提供有效的科学依据，为广大渔民在发生渔业污染事故时及时找到鉴定单位、获得污染事故的损失鉴定和掌握第一手证据提供了保障，也为排污单位防治污染、科学合理地估算损失结果提供了科学、公正、合理的技术途径。

【文档结束】

（1）将标题段文字（“我国实行渔业污染调查鉴定资格制度”）设置为三号黑体、红色、加粗、居中并添加蓝色方框，段后间距设置为 1 行。

（2）将正文各段文字（“农业部今天向……技术途径。”）设置为四号仿宋，首行缩进 2 字符，行距为 1.5 倍行距。

（3）将正文第三段（“农业部副部长……技术途径。”）分为等宽的两栏。

2. 在考生文件夹下，打开文档 Word2. docx，按照要求完成下列操作并以该文件名（Word2. docx）保存文档。

【文档开始】

姓名	职称	职务	单位	电话号码	E-mail
李小可	副教授	主任	应用科技大学	010-82314400	xkli@bj163.com
许伟	工程师	车间主任	变压器工厂	021-62310987	xuwei@hotmail.com

【文档结束】

（1）删除表格的第3列（“职务”），在表格最后一行之下增添3个空行。

（2）设置表格列宽：第1列和第2列为2厘米，第3、4、5列为3.2厘米；将表格外部框线设置成蓝色，3磅，表格内部框线设置为蓝色，1磅；第一行加浅蓝底纹。

三、操作步骤

1.（1）【解题步骤】

步骤1：打开Word1.docx文件，按题目要求设置标题段字体。选中标题段，在【开始】功能区的【字体】分组中，单击“字体”按钮，弹出“字体”对话框。在“字体”选项卡中，设置“中文字体”为“黑体”，设置“字号”为“三号”，设置“字形”为“加粗”，设置“字体颜色”为“红色”，单击“确定”按钮。

步骤2：按题目要求设置标题段对齐属性。选中标题段，在【开始】功能区的【段落】分组中，单击“居中”按钮。

步骤3：按题目要求设置标题段段后间距。选中标题段，在【开始】功能区的【段落】分组中，单击“段落”按钮，弹出“段落”对话框。单击“缩进和间距”选项卡，在“间距”选项组中设置“段后”为“1行”，单击“确定”按钮。

步骤4：按题目要求设置标题段边框属性。

（2）【解题步骤】

步骤1：按照题目要求设置正文字体。选中正文各段，在【开始】功能区的【字体】分组中，单击“字体”按钮，弹出“字体”对话框。在“字体”选项卡中，设置“中文字体”为“仿宋”，设置“字号”为“四号”，单击“确定”按钮。

步骤2：按题目要求设置正文段落属性。选中正文各段，在【开始】功能区的【段落】分组中，单击“段落”按钮，弹出“段落”对话框。单击“缩进和间距”选项卡，在“缩进”选项组中，选择“首行缩进”选项，设置磅值为“2字符”；在“间距”选项组中，设置“行距”为“1.5倍行距”，单击“确定”按钮。

（3）【解题步骤】

步骤1：按照题目要求为段落设置分栏。

步骤2：保存文件。

2.（1）【解题步骤】

步骤1：打开Word2.docx文件，按题目要求删除表格第3列。

步骤 2：按照题目要求在表格最后 1 行下插入 3 个空行。

注：重复步骤 2，直到出现 3 个空行。

（2）【解题步骤】

步骤 1：按照题目要求设置表格列宽。选中表格第 1 列和第 2 列，在【布局】功能区的【单元格大小】分组中，单击“表格属性”下拉三角按钮，弹出“表格属性”对话框。单击“列”选项卡，并指定宽度为“2 厘米”，单击“确定”按钮。按照同样的操作设置第 3、第 4、第 5 列为“3.2 厘米”。

步骤 2：按题目要求设置表格外侧框线和内部框线属性。选中表格，在【设计】功能区的【表格样式】分组中，单击“边框”下拉三角按钮，在【绘图边框】分组中设置“笔画粗细”为“3 磅”，设置“笔颜色”为“蓝色”，此时鼠标变为“小蜡笔”形状，沿着边框线拖动设置外部边框的属性。

注：选择相应的线型和宽度后，鼠标变为“小蜡笔”形状，沿边框线拖动小蜡笔便可以对外侧框线属性进行设置。按同样操作设置内部框线为“1 磅”“蓝色”。

步骤 3：按照题目要求设置单元格底纹为浅蓝。

步骤 4：保存文件。

真考题库训练 2

一、素材路径

实训素材\第 3 部分 Word 操作\真考题库训练 2\考生文件夹

二、题目要求

1. 在考生文件夹下，打开文档 Word1. docx，按照要求完成下列操作并以该文件名（Word1. docx）保存文档。

【文档开始】

常用的网罗互联设备

常用的网罗互联设备主要有：中继器、网桥、路由器和网关。

中继器比较简单，它只对传送后变弱的信号进行放大和转发，所以只工作在同一个网罗内部，起到延长介质长度的作用。它工作在 OSI 参考模型的第一层（物理层）。

网桥是连接不同类型局域网的桥梁，它工作在 OSI 模型的第二层（链路层）。它能对 802.3 以太网、802.4 令牌总线网和 802.5 令牌环网这几种不同类型的局域网实行网间桥接，实现互相通信；但又能有效地阻止各自网内的通信不会流到别的网罗，避免了“广播风暴”。

路由器是使用最广泛的能将异形网连接在一起的互联设备。它运行在 OSI 模型的第三层（网罗层），不但能实现 LAN 与 LAN 的互联，更能解决体系结构差别很大的 LAN 与 WAN 的互联。

网关运行在 OSI 模型的传送层及其以上的高层，它能互联各种完全不同体系结构的网罗。它通常以软件形式存在，比路由器有更大的灵活性，但也更复杂、开销更大。

【文档结束】

（1）将文中所有错词“网罗”替换为“网络”；将标题段文字（“常用的网络互联设备”）设置为二号红色黑体、居中。

（2）将正文各段文字（“常用的网络互联设备……开销更大。”）的中文设置为小四号宋体、英文和数字设置为小四号 Arial 字体；各段落悬挂缩进 2 字符、段前间距 0.6 行。

（3）将文档页面的纸张大小设置为“16 开（18.4 厘米×26 厘米）”、上下页边距各为 3 厘米；为文档添加内容为“教材”的文字水印。

2. 在考生文件夹下，打开文档 Word2. docx，按照要求完成下列操作并以该文件名（Word2. docx）保存文档。

【文档开始】

学号	姓名	高等数学/分	英语/分	普通物理/分
99050201	李响	87	84	89
99050216	高立光	62	76	80
99050208	王晓明	80	89	82
99050211	张卫东	57	73	62
99050229	刘佳	91	62	86
99050217	赵丽丽	66	82	69
99050214	吴修萍	78	85	86

【文档结束】

(1) 在表格右侧增加一列、输入列标题“平均成绩”；并在新增列相应单元格内填入左侧三门功课的平均成绩；按“平均成绩”列降序排列表格内容。

(2) 设置表格居中、表格列宽为 2.2 厘米、行高为 0.6 厘米，表格中第 1 行文字水平居中、其他各行文字中部两端对齐；设置表格外框线为红色 1.5 磅双窄线、内框线为红色 1 磅单实线。

三、操作步骤

1. (1)【解题步骤】

步骤 1：打开 Word1. docx 文件，按题目要求替换文字。选中全部文本（包括标题段），在【开始】功能区的【编辑】分组中，单击“替换”按钮，弹出“查找和替换”对话框。在“查找内容”文本框中输入“网罗”，在“替换为”文本框中输入“网络”，单击“全部替换”按钮，会弹出提示对话框，在该对话框中直接单击“确定”按钮即可完成对错词的替换。

步骤 2：按题目要求设置标题段字体。选中标题段，在【开始】功能区的【字体】分组中，单击右侧的下三角对话框启动器按钮，弹出“字体”对话框。在“字体”选项卡中，设置“中文字体”为“黑体”，设置“字号”为“二号”，设置“字体颜色”为“红色”，单击“确定”按钮。

步骤 3：按题目要求设置标题段对齐属性。选中标题段，在【开始】功能区的【段落】分组中，单击“居中”按钮。

(2)【解题步骤】

步骤 1：按题目要求设置正文字体。选中正文各段（标题段不要选），在【开始】功能区的【字体】分组中，单击右侧的下三角对话框启动器按钮，弹出“字体”对话框。在“字体”选项卡中，设置“中文字体”为“宋体”，设置“西文字体”为“Arial”，设置“字号”为“小四”，单击“确定”按钮。

步骤 2：按题目要求设置段落属性和段前间距。选中正文各段（标题段不要选），在【开始】功能区的【段落】分组中，单击右侧的下三角对话框启动器按钮，弹出“段落”对话框。单击“缩进和间距”选项卡，在“特殊格式”中选择“悬挂缩进”，在“磅值”中选择“2 字符”，在“段前间距”中输入“0.6 行”，单击“确定”按钮。

(3)【解题步骤】

步骤 1：按题目要求设置页面纸张大小。在【页面布局】功能区的【页面设置】分组中，单击“纸张大小”下拉列表，选择“16 开（18.4×26 厘米）”选项。

步骤 2：按题目要求设置页边距。在【页面布局】功能区的【页面设置】分组中，单击右侧的下三角对话框启动器按钮，弹出“页面设置”对话框。单击“页边距”选项卡，在“页边距”选项组中，在“上”中输入“3”，在“下”中输入“3”，单击“确定”按钮。

步骤 3：在【页面布局】功能区单击【页面背景】组中的“水印”按钮，在弹出的下拉列表框中选择“自定义水印”，弹出“水印”对话框，选中“文字水印”单选按钮，在“文字”文本框中输入“教材”，单击“确定”按钮。

步骤 4：保存文件。

2.（1）【解题步骤】

步骤 1：打开 Word2.docx 文件，按题目要求为表格最右边增加一列。单击表格的末尾处，在【布局】功能区的【行和列】分组中，单击“在右侧插入”按钮，即可在表格右方增加一空白列，在最后一列的第一行输入列标题“平均成绩”。

步骤 2：按题目要求利用公式计算表格平均成绩内容。单击表格最后一列第 2 行，在【布局】功能区的【数据】分组中，单击“fx 公式”按钮，弹出“公式”对话框，在“公式”文本框中输入“＝AVERAGE(LEFT）”，单击“确定”按钮。

注：AVERAGE（LEFT）中的 LEFT 表示对左方的数据进行求平均计算，按此步骤反复进行，直到完成所有行的计算。

步骤 3：把鼠标光标置于表格内，单击【开始】功能区【段落】组中的“排序”按钮，弹出“排序”对话框，选中“列表”下的“有标题行”单选按钮，选择“主要关键字”为“平均成绩”，单击“降序”单选按钮，再单击“确定”按钮。

(2)【解题步骤】

步骤 1：选中表格，单击【开始】功能区【段落】组中的“居中”按钮，则表格居中。

步骤 2：在【表格工具】｜【布局】功能区下【单元格大小】组中，在“高度”微调框中输入“0.6 厘米”，在“宽度”微调框中输入“2.2 厘米”。

步骤 3：按题目要求设置表格中文字对齐方式。选中表格第一行，在【布局】功能区的【对齐方式】分组中，单击“水平居中”按钮。按同样的操作设置其余各行为“中部两端对齐”。

步骤 4：按题目要求设置表格外框线和内框线属性。选中整个表格，单击表格，在【设计】功能区的【绘图边框】分组中，单击右下角的“边框和底纹”按钮，弹出“边框和底纹”对话框，选择“方框”，在“样式”列表中选择双细线，在“颜色”下拉列表中选择“红色”，在“宽度”下拉列表中选择“1.5 磅”，单击“自定义”，在“样式”列表中选择“单实线”，在“颜色”下拉列表中选择“红色”，在“宽度”下拉列表中选择“1.0 磅”，单击“预览”区中表格的中心位置，添加内框线，单击“确定”按钮。

步骤 5：保存文件。

真考题库训练 3

一、素材路径

实训素材 \ 第 3 部分 Word 操作 \ 真考题库训练 3 \ 考生文件夹

二、题目要求

在考生文件夹下打开文档 word. docx，按照要求完成下列操作并以该文件名（word. docx）保存文档。

【文档开始】

最新超级计算机 500 强出炉

每年公布两次全球超级计算机 500 强排名的 TOP500. Org 组织近日公布了 2008 年 6 月的全球超级计算机 500 强排名。

据悉，IBM 为美国能源部洛斯阿拉莫斯国家实验室（Los Alamos National Laboratory）开发的走鹃（Roadrunner）计算机以峰值每秒 1 026 万亿次位居榜首，并成为全球首台突破每秒 1 000 万亿次浮点运算的超级计算机。

在统在本次上榜的超级计算机 500 强中，美国上榜 257 台，英国 53 台，德国 46 台，法国 34 台，日本 22 台，中国 15 台（含台湾 3 台）。

此外，在中国大陆上榜的 12 台计算机中，排名最靠前的是 2007 年部署在中国石化胜利油田的一台 IBM 计算机，峰值运算能力为每秒 18.6 万亿次，现排名 111 位。另外中国石油有 4 台同样型号的 IBM 计算机上榜，每台的峰值运算能力为每秒 9.3 万亿次。其他进入 500 强榜单的几台超级计算机则分布在电信、气象、地理和物流等行业用户。

最后，从处理器来看，采用英特尔处理器的超级计算机高达 375 台，在 TOP500 占 75%，比上次增加了 4.2%；采用 IBM Power 芯片的为 68 台；采用 AMD 芯片的为 55 台。

超级计算机 500 强前 5 名

名次	计算机	年份	厂家	性能（万亿次每秒）
1	Roadrunner	2008	IBM	1026.0
2	Blue Gene/L	2007	IBM	478.2
3	Blue Gene/P	2008	IBM	450.3

4	Ranger	2008	SUN	326.0
5	Jaguar	2008	Cray	205.0

【文档结束】

(1) 将标题段（“最新超级计算机500强出炉”）文字设置为红色（标准色）、小二号黑体、加粗、居中，文本效果设置为“阴影—外部—向右偏移”。

(2) 设置正文各段落（“每年公布……55台。”）的中文文字为五号宋体，西文文字为五号Arial字体；设置正文各段落悬挂缩进2字符，行距18磅，段前间距0.5行。

(3) 插入“奥斯汀”型页眉，并在页眉标题栏内输入小五号宋体文字“科技新闻”。设置页面纸张大小为“B5（JIS）”。

(4) 将文中后6行文字转换成一个6行5列的表格，设置表格居中，并使用“根据内容自动调整表格”选项自动调整表格，设置表格所有文字水平居中。

(5) 设置表格外框线为3磅蓝色（标准色）单实线、内框线为1磅蓝色（标准色）单实线；设置表格为黄色（标准色）底纹。

三、操作步骤

1. (1)【解题步骤】

步骤1：打开Word.docx文件，按题目要求设置标题段字体。选中标题段，在【开始】功能区的【字体】分组中，单击右侧的下三角对话框启动器，弹出“字体”对话框，单击“字体”选项卡，在“中文字体”下拉列表框中选择“黑体”，在“字形”下拉列表框中选择“加粗”，设置“字号”为“小二”，单击“字体颜色”下拉按钮，从弹出的下拉列表框中选择“标准色”下的“红色”。单击“文字效果”按钮，弹出“设置文本效果格式”对话框，在“阴影”选项中单击“预设”按钮，从弹出的下拉列表中选择“外部”下的“向右偏移”，单击“关闭”按钮，再单击“确定”按钮。

步骤2：按题目要求设置标题段对齐属性。选中标题段，在【开始】功能区的【段落】分组中，单击“居中”按钮。

(2)【解题步骤】

步骤1：按题目要求设置正文字体。选中正文各段（“每年公布……55台。”），在【开始】功能区的【字体】分组中，单击右侧的下三角对话框启动器，弹出“字体”对话框，单击“字体”选项卡，在“中文字体”下拉列表框中选择“宋体”，在“西文字体”下拉列表框中选择“Arial”，设置“字号”为“五号”，单击“确定”按钮。

步骤2：按题目要求设置正文段落属性。选中正文各段，在【开始】功能区的【段落】分组中，单击右侧的下三角对话框启动器，弹出“段落”对话框，单击“缩进和间距”选项卡，选择“特殊格式”下拉列表框中的“悬挂缩进”，“磅值”设为“2 字符”，选择“行距”下拉列表框中的“固定值”，在“设置值”微调框中输入“18 磅”，在“间距”组的“段前”微调框中输入“0.5 行”，单击“确定”按钮。

（3）【解题步骤】

步骤 1：按题目要求插入页眉。在【插入】功能区的【页眉和页脚】分组中，单击“页眉”按钮，在弹出的下拉列表中选择“奥斯汀”选项，输入“科技新闻”，删除不必要的空格，选中页眉文本，右击，在弹出的快捷菜单中选择“字体”，按照要求设置字体后单击“关闭页眉和页脚”按钮。

步骤 2：按照题目要求设置页面纸张大小。在【页面布局】功能区的【页面设置】分组中，单击“纸张大小”按钮，在弹出的下拉列表中选择“B5（JIS）”。

（4）【解题步骤】

步骤 1：按照题目要求将文字转换成表格。选中后 6 行文字，在【插入】功能区的【表格】分组中，单击“表格”按钮，选择“文本转换成表格”选项，弹出“将文字转换成表格”对话框，单击“确定”按钮。

步骤 2：按照题目要求设置表格对齐属性。选中表格，在【开始】功能区的【段落】分组中，单击“居中”按钮。

步骤 3：按照题目要求自动调整表格。单击表格，在【表格工具】｜【布局】功能区的【单元格大小】分组中，单击“自动调整”按钮，从弹出的下拉列表中选择“根据内容自动调整表格”命令。

步骤 4：按题目要求设置表格内容对齐方式。选中表格，在【表格工具】｜【布局】功能区的【对齐方式】分组中，单击“水平居中”按钮。

（5）【解题步骤】

步骤 1：按题目要求设置表格外侧框线和内部框线属性。选中表格，在【设计】功能区的【绘图边框】分组中，单击右下角的“边框和底纹”按钮，弹出“边框和底纹”对话框，选择“方框”，在“样式”列表中选择单实线，在“颜色”下拉列表中选择“蓝色”，在“宽度”下拉列表中选择“3 磅”，单击“自定义”，在“样式”列表中选择“单实线”，在“颜色”下拉列表中选择“蓝色”，在“宽度”下拉列表中选择“1.0 磅”，单击“预览”区中表格的中心位置，添加内框线，单击“确定”按钮。

步骤 2：按照题目要求设置单元格底纹。选中表格，在【表格工具】｜【设计】功能区的【表格样式】分组中，单击“底纹”下三角按钮，从弹出的下拉列表中选择“标准色”下的“黄色”。

步骤 3：保存文件。

真考题库训练 4

一、素材路径

实训素材\第 3 部分 Word 操作\真考题库训练 4\考生文件夹

二、题目要求

对考生文件夹下 Word.docx 文档中的文字进行编辑、排版和保存，具体要求如下：

【文档开始】

第三代计算机网络——计算机互联网

第三代计算机网络是 Internet，这是网络互联阶段。20 世纪 70 年代局域网诞生并推广使用，例如以太网。

IBM 公司于 1974 年研制了 SNA（系统网络体系结构），其他公司也相继推出本公司的网络标准，此时人们开始认识到存在的问题和不足：各个厂商各自开发自己的产品、产品之间不能通用、各个厂商各自制定自己的标准以及不同的标准之间转换非常困难等。这显然阻碍了计算机网络的普及和发展。

成绩单

姓名	计算机（分）	电子商务（分）	英语（分）
张品	78	88	70
李力	88	76	78
周正新	98	85	77
赵露	67	90	89
王珊珊	74	78	80

【文档结束】

（1）将标题段（“第三代计算机网络——计算机互联网”）文字设置为楷体四号红色字，绿色边框、黄色底纹、居中。

(2) 设置正文各段落（“第三代计算机网络是 Internet……计算机网络的普及和发展。”）左右各缩进 1 字符、行距为 1.2 倍；各段落首行缩进 2 字符；将正文第二段（“IBM公司……网络的普及和发展。”）分为等宽三栏、首字下沉 2 行。

(3) 设置页眉为“计算机网络”、字体大小为“小五号”。设置页脚为“计算机网络培训教程”、字体大小为“五号”。

(4) 将文中后 6 行文字转换为一个 6 行 4 列的表格。设置表格居中，表格第一、二、四列列宽均为 2 厘米，第三列列宽为 2.3 厘米，行高为 0.8 厘米。

(5) 在表格的最后一列右侧增加一列，列宽为 2 厘米，列标题为“总分”，分别计算每人的总分并填入相应的单元格内；表格中所有文字中部居中；设置表格外框线为 3 磅黑色单实线，内框线为 1 磅红色单实线，第一行的底纹设置为“底纹样式 25%”。

三、操作步骤

(1)【解题步骤】

步骤 1：打开 Word.docx 文件，按题目要求设置标题段字体。选中标题段文本，在【开始】功能区的【字体】分组中，单击“字体”按钮，弹出“字体”对话框。在“字体”选项卡中，设置“中文字体”为“楷体”，设置“字号”为“四号”，设置“字体颜色”为“红色”，单击“确定”按钮。

步骤 2：按题目要求设置标题段对齐属性。选中标题段文本，在【开始】功能区的【段落】分组中，单击“居中”按钮。

步骤 3：按题目要求设置标题段边框和底纹属性。选中标题段文本，在【开始】功能区的【段落】分组中，单击“下框线”下拉列表，选择“边框和底纹”选项，弹出“边框和底纹”对话框，单击“边框”选项卡，选中“方框”选项，在“颜色”中选择“绿色”，在“应用于”中选择“文本”，单击“底纹”选项卡，选中填充色为“黄色”，设置“应用于”为“文字”，单击“确定”按钮。

(2)【解题步骤】

步骤 1：按题目要求设置段落属性。选中正文所有文本（标题段不要选），在【开始】功能区的【段落】分组中，单击“段落”按钮，弹出“段落”对话框。单击“缩进和间距”选项卡，在“缩进”选项组中设置“左侧”为“1 字符”，在“右”中输入“1 字符”，在“特殊格式”中选择“首行缩进”，在“度量值”中选择“2 字符”，在“行距”中选择“多倍行距”，在“设置值”中输入“1.2”，单击“确定”按钮。

步骤 2：按题目要求为段落设置分栏。选中正文第二段，在【页面布局】功能区的【页面设置】分组中，单击“分栏”下拉列表，选择“更多分栏”选项，弹出“分栏”对话框，选择“预设”选项组中的“三栏”图标，勾选“栏宽相等”，单击“确定”按钮。

步骤 3：按题目要求设置首字下沉。选中正文第二段，在【插入】功能区的【文本】分组中，单击“首字下沉”按钮下拉列表，选择“首字下沉选项”，弹出“首字下沉”对话框，单击“下沉”图标，在“下沉行数”中输入“2 行”，单击“确定”按钮。

(3)【解题步骤】

步骤 1：按题目要求插入页眉。在【插入】功能区的【页眉和页脚】分组中，单击“页眉”按钮下拉列表，选择“空白”选项，输入“计算机网络”，选中页眉文本，单击右键，在弹出的快捷菜单中选择“字体”，按照要求设置字体，单击确定，单击“关闭页眉和页脚”按钮。

步骤 2：按题目要求插入页脚。在【插入】功能区的【页眉和页脚】分组中，单击“页脚”按钮下拉列表，选择“空白”选项，输入“计算机网络培训教程”，选中页脚文本，单击右键，在弹出的快捷菜单中选择“字体”，按照要求设置字体，单击确定，单击“关闭页眉和页脚”按钮。

(4)【解题步骤】

步骤 1：按题目要求将文本转换为表格。选中正文中最后 6 行文本，在【插入】功能区的【表格】分组中，单击“表格”按钮，选择“文本转换成表格”选项，弹出“将文字转换成表格”对话框，单击“确定”按钮。

步骤 2：按照题目要求设置表格对齐属性。选中表格，在【开始】功能区的【段落】分组中，单击“居中”按钮。

步骤 3：按照题目要求设置表格行高。选中表格第一、二、四列，在【布局】功能区的【单元格大小】分组中，单击“表格属性”按钮，弹出“表格属性”对话框，单击“行”选项卡，勾选“指定高度”，设置其值为“0.8 厘米”，在“行高值是”中选择“固定值”，单击“确定”按钮。按照同样的操作设置第三列的列宽为“2.3 厘米”，行高为“0.8 厘米”。

(5)【解题步骤】

步骤 1：按题目要求为表格最右边增加一列。选中表格的最右侧一列，在【布局】功能区的【行和列】分组中，单击“在右侧插入”按钮，即可在表格右方增加一空白列，在最后一列的第一行输入“总分”。

步骤 2：按照题目要求设置表格列宽。选中表格新增加的一列，在【布局】功能区的【单元格大小】分组中，单击“表格属性”按钮，弹出“表格属性”对话框，单击“列”选项卡，勾选“指定宽度”，设置其值为“2 厘米”，单击“确定”按钮。

步骤 3：按题目要求利用公式计算表格总分内容。单击表格最后一列第 2 行，在【布局】功能区的【数据】分组中，单击“*f*x 公式”按钮，弹出“公式”对话框，在“公式”中输入“＝SUM（LEFT）”，单击“确定”按钮。

注：SUM(LEFT) 中的 LEFT 表示对左方的数据进行求和计算，按此步骤反复进

行，直到完成所有行的计算。

步骤 3：按题目要求设置表格内容对齐方式。选中表格，在【布局】功能区的【对齐方式】分组中，单击“水平居中”按钮。

步骤 4：按题目要求设置表格外侧框线和内部框线属性。单击表格，在【设计】功能区的【绘图边框】分组中，设置为设置“笔画粗细”为“3 磅”，设置“笔样式”为“单实线”，设置“笔颜色”为“黑色”，此时鼠标变为“小蜡笔”形状，沿着边框线拖动设置外边框的属性。

注：当鼠标单击“绘制表格”按钮后，鼠标变为“小蜡笔”形状，选择相应的线型和宽度，沿边框线拖动小蜡笔便可以对边框线属性进行设置。按同样的操作设置内部框线。

步骤 5：按题目要求设置单元格底纹。选中表格第一行单击右键，在弹出的快捷菜单中选择“边框和底纹”命令，弹出“边框和底纹”对话框，单击“底纹”选项卡，在“图案”组“样式”中选择“25%”， “在应用于”中选择“单元格”，单击“确定”按钮。

步骤 6：保存文件。

真考题库训练 5

一、素材路径

实训素材 \ 第 3 部分 Word 操作 \ 真考题库训练 5 \ 考生文件夹

二、题目要求

1. 在考生文件夹下，打开文档 Word1. docx，按照要求完成下列操作并以该文件名（Word1. docx）保存文档。

(1) 将文中所有错词“摹拟”替换为“模拟”；将标题段（“模/数转换”）文字设置为三号红色黑体、居中、字符间距加宽 2 磅。

(2) 将正文各段文字（“在工业控制……采样和量化。”）设置为小四号仿宋_GB2312；各段首行缩进 2 字符、段前间距 0.5 行。

(3) 将文档页面的纸型设置为“B5（18.2×25.7 厘米）”、左右边距各为 3 厘米；在页面顶端（页眉）右侧插入页码。

2. 在考生文件夹下，打开文档 Word2. docx，按照要求完成下列操作并以该文件名（Word2. docx）保存文档。

(1) 将表格标题（“c 语言 int 和 long 型数据的表示范围”）设置为三号宋体、加粗、居中；在表格第 2 行第 3 列和第 3 行第 3 列单元格中分别输入：

$$-2^{15} \text{ 到 } 2^{15}-1\text{、}-2^{31} \text{ 到 } 2^{31}-1$$

设置表格居中、表格中所有内容水平居中；表格中的所有内容设置为四号宋体。

(2) 设置表格列宽为 3 厘米、行高 0.7 厘米、外框线为红色 1.5 磅双窄线、内框线为红色 0.75 磅单实线；设置第 1 行单元格为黄色底纹。

三、操作步骤

1. (1)【解题步骤】

步骤 1：打开 Word1. docx 文件，按题目要求替换文字。选中全部文本（包括标题段），在【开始】选项卡下，单击【编辑】组下拉列表，选择“替换”选项，弹出“查找和替换”对话框，在“查找内容”中输入“摹拟”，在“替换为”中输入“模拟”，单击“全部替换”按钮，会弹出提示对话框，在该对话框中直接单击“确定”按钮即可完成替换。

步骤 2，按题目要求设置标题段字体和字符间距，选中标题段文本，在【开始】选项卡下，在【字体】组中，单击右侧的下三角对话框启动器，弹出“字体”对话框，单击“字体”选项卡，在“中文字体”中选择“黑体”，在“字号”中选择“三号”，在“字体颜色”中选择“红色”，在“高级”选项卡的“间距”中输入“加宽”，在“磅值”中输入“2 磅”，单击“确定”按钮返回到编辑界面中；点击段落右侧的下三角对话框启动器，对齐方式里选择“居中”。

（2）【解题步骤】

步骤 1：按题目要求设置正文各段字体。选中正文所有文本（标题段不要选），在【开始】选项卡下，在【字体】组中，单击右侧的下三角对话框启动器，弹出“字体”对话框，单击“字体”选项卡，在“中文字体”中选择“仿宋 _ GB2312”，在“字号”中选择“小四”，单击“确定”按钮返回到编辑界面中。

步骤 2：按题目要求设置段落属性和段前间距。选中正文所有文本（标题段不要选），在【开始】选项卡下，在【段落】组中，单击右侧的下三角对话框启动器，弹出“段落”对话框，单击“缩进和间距”选项卡，在“特殊格式”中选择“首行缩进”，在“度量值”中选择“2 字符”，在“段前间距”中输入“0.5 行”，单击“确定”按钮返回到编辑界面中。

（3）【解题步骤】

步骤 1：按题目要求设置页面纸张大小。在【页面布局】选项卡下，在【页面设置】组中，单击“纸张大小”按钮下拉列表，选择“B5（18.2×25.7 厘米）”选项。

步骤 2：按题目要求设置页边距。选择【文件】|【页面设置】命令，弹出“页面设置”对话框，在“页边距”选项卡中“左”中输入“3 厘米”，在“右”中输入“3 厘米”，单击“确定”按钮返回到编辑界面中。

步骤 3：按题目要求插入页码。在【插入】选项卡下，在【页眉和页脚】组中，单击“页码”按钮下拉列表，选择“页面顶端”“普通数字 3”选项，单击“关闭页眉和页脚”按钮。

步骤 4：保存文件。

2.（1）【解题步骤】

步骤 1：打开 Word2.docx 文件，按题目要求设置表格标题字体。选中表格标题文本，在【开始】选项卡下，在【字体】组中，单击右侧的下三角对话框启动器，弹出“字体”对话框，单击“字体”选项卡，在“中文字体”中选择“宋体”，在“字号”中选择“三号”，在“字形”中选择“加粗”，单击“确定”按钮返回到编辑界面中。

步骤 2：按题目要求设置表格标题对齐属性。选中标题段文本，在【开始】选项卡下，在【段落】组中，单击“居中”按钮。

步骤 3：按题目要求为表格输入内容。鼠标单击表格第 2 行第 3 列单元格，输入“一到一1”，选中所有“ ”中的“15”，在【开始】选项卡下，在【字体】组中，单击

“上标”按钮。按照同样的方法输入第 3 行第 3 列单元格的内容。

步骤 4：按照题目要求设置表格对齐属性。选中表格，在【开始】选项卡下，在【段落】组中，单击“居中”按钮。

步骤 5：按题目要求设置表格中文字对齐方式。选中整个表格，在【表格工具】|【布局】选项卡下，在【对齐方式】组中，单击“水平居中”按钮。

步骤 6：按题目要求设置表格内容字体。选中整个表格，在【开始】选项卡下，在【字体】组中，单击右侧的下三角对话框启动器，弹出“字体”对话框，单击“字体”选项卡，在“中文字体”中选择“宋体”，在“字号”中选择“四号”，单击“确定”按钮返回到编辑界面中。

(2)【解题步骤】

步骤 1：按照题目要求设置表格列宽和行高。选中表格，在【表格工具】|【布局】选项卡下，在【单元格大小】组中，单击右侧的下三角对话框启动器，打开“表格属性”对话框，单击“列”选项卡，勾选“指定宽度”，设置其值为“3 厘米”，在“行”选项卡中勾选“指定高度”，设置其值为“0.7 厘米”，在“行高值是”中选择“固定值”，单击“确定”按钮返回到编辑界面中。

步骤 2：按题目要求设置表格外框线和内框线属性。单击表格，在【表格工具】|【设计】选项卡下，在【绘图边框】组中设置“笔画粗细”为“1.5 磅”，设置“笔样式”为“双窄线”，设置“笔颜色”为“红色”，此时鼠标变为“小蜡笔”形状，沿着边框线拖动设置外边框的属性。

注：当鼠标单击“绘制表格”按钮后，鼠标变为“小蜡笔”形状，选择相应的线型和宽度，沿边框线拖动小蜡笔便可以对边框线属性进行设置。按同样的操作设置内框线。

步骤 3：按题目要求设置单元格底纹。选中表格第 1 行，在【表格工具】|【设计】选项卡下，在【表格样式】组中，单击“底纹”按钮下拉列表，选择“黄色”。

步骤 4：保存文件。

真考题库训练 6

一、素材路径

实训素材 \ 第 3 部分 Word 操作 \ 真考题库训练 6 \ 考生文件夹

二、题目要求

在考生文件夹下打开文档 Word. docx，按照要求完成下列操作并以该文件名（Word. docx）保存文档。

（1）将文档标题段文字（“信用卡市场有多大?”）设置为小三、深红、加粗、居中，文字效果设置为“实线”。

（2）将正文的第 1、2、3 段右缩进设置为 5 字符、首行缩进 2 字符，行距为 1.25 倍；设置页眉为“信用卡研究”。

（3）对表格标题（“表 3 我国部分金融机构 IT 外包业务”）进行段前分页。在页面底端（页脚）居中位置“普通数字 2”插入页码（首页显示页码）。

（4）将表格标题（“表 3 我国部分金融机构 IT 外包业务”）设置为三号蓝色黑体、加粗、居中，表格居中。为表格第一行加蓝色底纹。

（5）将表格以“时间”列为主要关键字，依据“数字”类型升序排序。

三、操作步骤

（1）【解题步骤】

步骤 1：打开 Word. docx 文件，按题目要求设置标题段字体。选中标题段文本，在【开始】选项卡下，在【字体】组中，单击右侧的下三角对话框启动器，弹出“字体”对话框，单击“字体”选项卡，在“字号”中选择“小三”，在“字体颜色”中选择“深红”，在“字形”中选择“加粗”，单击“确定”按钮返回到编辑界面中。

步骤 2：按题目要求设置标题段对齐属性。选中标题段文本，在【开始】选项卡下，在【段落】组中，单击“居中”按钮。

步骤 3：按题目要求设置文本的文字效果。选中标题段文本，在【开始】选项卡下，在【字体】组中，单击右侧的下三角对话框启动器，弹出“字体”对话框，单击“文字效果”按钮，弹出“设置文本效果格式”对话框，在“文本边框”选项卡中选择“实线”，单击“关闭”按钮，单击“确定”按钮返回到编辑界面中。

（2）【解题步骤】

步骤 1：按题目要求设置段落属性。选中正文第 1、2、3 段文本（标题段不要选），在【开始】选项卡下，在【段落】组中，单击右侧的下三角对话框启动器，弹出“段落”对话框，单击“缩进和间距”选项卡，在“特殊格式”中选择“首行缩进”，在“度量值”中选择“2 字符”，在“缩进”的“右侧”中输入“5 字符”在“行距”中选择“多倍行距”，在“设置值”中输入“1.25”，单击“确定”按钮返回到编辑界面中。

步骤 2：按题目要求插入页眉。在【插入】选项卡下，在【页眉和页脚】组中，单击“页眉”按钮下拉列表，选择“空白”选项，输入“信用卡研究”，选中页眉文本，单击右键，在弹出的快捷菜单中选择“字体”，按照要求设置字体，单击确定，单击“关闭页眉和页脚”按钮。

（3）【解题步骤】

步骤 1：按题目要求设置段前分页。鼠标移动到表格标题之前，在【页面布局】选项卡下，在【页面设置】组中，单击“插入分页符和分节符”按钮下拉列表，选择“分页符”选项。

步骤 2：按题目要求插入页码。在【插入】选项卡下，在【页眉和页脚】组中，单击“页码”按钮下拉列表，选择“页面底端”“普通数字 2”选项，单击“关闭页眉和页脚”按钮。

（4）【解题步骤】

步骤 1：按题目要求设置表格标题字体。选中表格标题文本，在【开始】选项卡下，在【字体】组中，单击右侧的下三角对话框启动器，弹出“字体”对话框，单击“字体”选项卡，在“中文字体”中选择“黑体”，在“字号”中选择“三号”，在“字体颜色”中选择“蓝色”，在“字形”中选择“加粗”，单击“确定”按钮返回到编辑界面中。

步骤 2：按题目要求设置表格标题对齐属性。选中表格标题文本，在【开始】选项卡下，在【段落】组中，单击“居中”按钮。

步骤 3：按题目要求设置表格属性。选中整个表格，在【开始】选项卡下，在【段落】组中，单击“居中”按钮。

步骤 4：按题目要求设置单元格底纹。选中表格第一行，在【表格工具】|【设计】选项卡下，在【表格样式】组中，单击“底纹”按钮下拉列表，选择“蓝色”。

（5）【解题步骤】

步骤 1：按题目要求对表格进行排序。选中“时间”列，在【表格工具】|【布局】选项卡下，在【数据】组中，单击“排序”按钮，弹出“排序”对话框，在“主要关键字”的“类型”中选择“数字”，并勾选“升序”，在“列表”中选择“有标题行”，单击“确定”按钮返回到编辑界面中。

步骤 2：保存文件。

真考题库训练 7

一、素材路径

实训素材\第 3 部分 Word 操作\真考题库训练 7\考生文件夹

二、题目要求

在考生文件夹下，打开文档 Word.docx，按照要求完成下列操作并以该文件名（Word.docx）保存文档。

【文档开始】

可怕的无声环境

科学家曾做过一个实验，让受试者进入到一个完全没有声音的环境里。结果发现在这种极度安静的环境中，受试者不仅可以听到自己的心跳声、行动时衣服的摩擦声，甚至还可以听到关节的摩擦声和血液的流动声。半小时后，受试者的听觉更加敏锐，只要轻吸一下鼻子，就像听到一声大呵，甚至一根针掉在地上，也会感到像一记重锤敲在地面上。一个小时后，受试者开始极度恐惧；三至四小时后，受试者便会失去理智，逐渐走向死亡的陷阱。

平常，不少人也可能有这样的体验：从一个熟悉的音响环境中进入一个相对安静的环境中，听觉便会处于紧张状态，大脑思维也会一下子变得杂乱无章。

因此，在经济飞速发展的今天，人们既要减轻噪音的污染，也要创造一个和谐优美的音响环境，这样才有利于人体的身心健康。

【文档结束】

（1）将标题段文字（“可怕的无声环境”）设置为三号红色（红色 255、绿色 0、蓝色 0）仿宋、加粗、居中、段后间距设置为 0.5 行。

（2）给全文中所有“环境”一词添加双波浪下画线；将正文各段文字（“科学家曾做过……身心健康。”）设置为小四号宋体（正文）；各段落左右各缩进 0.5 字符；首行缩进 2 字符。

（3）将正文第一段（“科学家曾做过……逐渐走向死亡的陷阱。”）分为等宽两栏，栏宽 20 字符、栏间加分隔线。（注意：分栏时，段落范围包括本段末尾的回车符）。

（4）制作一个 5 列 6 行表格放置在正文后面。设置表格列宽为 2.5 厘米、行高 0.6 厘米、表格居中；设置表格外框线为红色（红色 255、绿色 0、蓝色 0，下同）3 磅单实线、内框线为红色 1 磅单实线。

（5）再对表格进行如下修改：合并第 1、2 行第 1 列单元格，并在合并后的单元格中添加一条红色 1 磅单实线的对角线（左上右下）；合并第 1 行第 2、3、4 列单元格；合并第 6 行第 2、3、4 列单元格，并将合并后的单元格均匀拆分为 2 列（修改后仍保持内框线为红色 1 磅单实线）；设置表格第 1、2 行为绿色（红色 175、绿色 255、蓝色 100）底纹。

三、操作步骤

（1）【解题步骤】

步骤 1：打开 Word. docx 文件，按题目要求设置标题段字体。选中标题段文本，在【开始】选项卡下，在【字体】组中，单击右侧的下三角对话框启动器，弹出“字体”对话框，单击“字体”选项卡，在“中文字体”中选择“仿宋”，在“字号”中选择“三号”，在“字体颜色”中选择“红色”，在“字形”中选择“加粗”，单击“确定”按钮返回到编辑界面中。

步骤 2：按题目要求设置标题段对齐属性。选中标题段，在【开始】选项卡下，在【段落】组中，单击“居中”按钮。

步骤 3：按题目要求设置标题段段后间距。选中标题段文本，在【开始】选项卡下，在【段落】组中，单击右侧的下三角对话框启动器，弹出“段落”对话框，单击“缩进和间距”选项卡，在“段后间距”中输入“0.5 行”，单击“确定”按钮返回到编辑界面中。

（2）【解题步骤】

步骤 1：按题目要求替换文字。选中所有文本（包括标题段），在【开始】选项卡下，单击【编辑】组下拉列表，选择“替换”选项，弹出“查找和替换”对话框，在“查找内容”中输入“环境”，在“替换为”中输入“环境”。单击“更多”按钮，再单击“格式”按钮，在弹出的菜单中选择“字体”选项，弹出“查找字体”对话框。在“下划线线型”中选择“波浪线”，单击“确定”按钮，再单击“全部替换”按钮，会弹出提示对话框，在该对话框中直接单击“确定”按钮即可完成替换。

步骤 2：按题目要求设置正文字体。选中正文所有文本（标题段不要选），在【开始】选项卡下，在【字体】组中，单击右侧的下三角对话框启动器，弹出“字体”对话框，单击“字体”选项卡，在“中文字体”中选择“宋体”，在“字号”中选择“小四”，单击“确定”按钮返回到编辑界面中。

步骤 3：按题目要求设置段落属性。选中正文所有文本（标题段不要选），在【开始】选项卡下，在【段落】组中，单击右侧的下三角对话框启动器，弹出“段落”对话框，单击“缩进和间距”选项卡，在“缩进”中的“左”中输入“0.5 字符”，在“右”中输入“0.5 字符”，在“特殊格式”中选择“首行缩进”，在“度量值”中选择“2 字符”，单击“确定”按钮返回到编辑界面中。

(3)【解题步骤】

步骤 1：按题目要求为段落设置分栏。选中正文第一段文本，在【页面布局】选项卡下，在【页面设置】组中，单击“分栏”下拉列表，选择“更多分栏”选项，弹出“分栏”对话框，选择“预设”选项组中的“两栏”图标，在“宽度”中输入“20字符”，勾选“栏宽相等”，勾选“分隔线”，单击“确定”按钮返回到编辑界面中。

步骤 2：保存文件。

(4)【解题步骤】

步骤 1：按题目要求插入表格。在【插入】选项卡下，单击【表格】下拉列表，选择“插入表格”选项，弹出“插入表格”对话框，在“行数”中输入“6”，在“列数”中输入“5”，单击“确定”按钮返回到编辑界面中。

步骤 2：按照题目要求设置表格对齐属性。选中表格，在【开始】选项卡下，在【段落】组中，单击“居中”按钮。

步骤 3：按照题目要求设置表格列宽和行高。选中表格，在【表格工具】|【布局】选项卡下，在【单元格大小】组中，单击右侧的下三角对话框启动器，打开“表格属性”对话框，单击“列”选项卡，勾选“指定宽度”，设置其值为“2.5 厘米”，在“行”选项卡中勾选“指定高度”，设置其值为“0.6 厘米”，在“行高值是”中选择“固定值”，单击“确定”按钮返回到编辑界面中。

步骤 4：按题目要求设置表格外框线和内框线属性。选中表格，在【设计】功能区的【绘图边框】分组中，单击右下角的“边框和底纹”按钮，弹出“边框和底纹”对话框，选择“方框”，在“样式”列表中选择单实线，在“颜色”下拉列表中选择“其他颜色”，选择“自定义”选项卡，在“红色”中输入 255，在“绿色”中输入 0，在“蓝色”中输入 0，单击“确定”按钮，在“宽度”下拉列表中选择“3.0 磅”，单击“自定义”图标，在“样式”列表中选择单实线，在“颜色”下拉列表中选择“红色”，在“宽度”下拉列表中选择“1.0 磅”，单击“预览”区中表格的中心位置，添加内框线，单击“确定”按钮。

(5)【解题步骤】

步骤 1：按题目要求合并单元格。选中第 1、2 行第 1 列单元格，右击，在弹出的快捷菜单中选择“合并单元格”命令。按同样的操作合并第 1 行第 2、3、4 列单元格，第 6 行第 2、3、4 列单元格。

步骤 2：按题目要求为表格的单元格添加对角线。选中表格第 1 行第 1 列的单元格，单击表格，在【表格工具】|【设计】选项卡下，在【表格样式】组中，单击“边框”按钮下拉列表，选择“斜下框线”选项。

步骤 3：按题目要求设置表格对角线属性。单击表格，在【表格工具】|【设计】选项卡下，在【绘图边框】组中设置“笔画粗细”为“1.0 磅”，设置“笔样式”为

“单实线”，设置“笔颜色”为“红色”，此时鼠标变为“小蜡笔”形状，沿着对角线拖动设置对角线样式。

步骤4：按题目要求拆分单元格。选中表格第6行合并的单元格，在【表格工具】|【布局】选项卡下，在【合并】组中，单击“拆分单元格”按钮，弹出“拆分单元格”对话框，在“列”中输入“2”，单击“确定”按钮返回到编辑界面中。

步骤5：按题目要求设置单元格底纹。选中表格第1行和第2行，在【表格工具】|【设计】选项卡下，在【表格样式】组中，单击“底纹”按钮下拉列表，选择“其他颜色”，单击“自定义”选项卡，在“红色”中输入175，在“绿色”中输入255，在“蓝色”中输入100，单击“确定”按钮。

步骤6：保存文件。

真考题库训练 8

一、素材路径

实训素材\第 3 部分 Word 操作\真考题库训练 8\考生文件夹

二、题目要求

在考生文件夹下打开文档 Word.docx，按照要求完成下列操作并以该文件名（Word.docx）保存文档。

【文档开始】

4. 电子商务技术专利框架

根据对国内、外电子商务专利技术的分析，并结合电子商务技术体系可以得出电子商务技术专利框架，这个框架分为五层，安全层、网络层、基础服务层、应用服务和应用系统层、客户端层，电子商务技术专利框架的每一层均由电子商务的核心技术和每一层次的专利组成，整个电子商务交易的流程都需要在安全的环境中进行。商业方法的专利主要体现在客户端和电子商务应用层，是知识和信息技术相结合的成果。

根据此电子商务专利技术框架将我国电子商务专利主要分为五类：

电子商务系统专利 A

电子支付和认证专利 B

基础服务专利 C

网络传输专利 D

安全专利 E

根据附件 A 中列出的专利进行分类统计，得到表 4-1。通过对比，首先我们可以看到国外在中国申请的专利主要是电子商务系统专利，而我国主要围绕着支付和认证开发专利，完整的电子商务系统专利还欠缺。其次关于基础服务的专利我国也很少，而基础服务专利已经是 IBM 公司的主要专利部分，也是开展电子商务的核心部分。所以我国的电子商务企业应该加强这方面的研究。

表 4-1　国内外在中国申请的专利统计

申请专利分类	A	B	C	D	E	申请专利总数
国内申请专利	28	33	6	3	5	
外国在中国申请专利	81	15	10	2	1	
IBM 申请专利	51	16	58	21	4	

【文档结束】

(1) 将标题段（“4. 电子商务技术专利框架”）文字设置为三号蓝色黑体、加粗、居中。倒数第五行文字（“表 4-1 国内外在中国申请的专利统计”）设置为四号楷体、居中，绿色边框、黄色底纹。

(2) 为文档中的第八到十二行（共五行）设置项目符号“●”，项目符号位置缩进 0.7 厘米。

(3) 将标题段后的第一自然段（“根据对国内、外电子商务专利技术……是知识和信息技术相结合的成果。”）进行分栏，要求分成 3 栏，栏宽相等，栏间加分隔线。

(4) 将文中最后 4 行文字按照制表符转换为一个 4 行 7 列的表格，设置表格居中。计算“申请专利总数”列值。

(5) 设置表格左右外边框为无边框、上下外边框为 3 磅绿色单实线；所有内框线为 1 磅黑色单实线。

三、操作步骤

(1)【解题步骤】

步骤 1：打开 Word. docx 文件，按题目要求设置标题段字体。选中标题段文本，在【开始】功能区的【字体】分组中，单击“字体”按钮，弹出“字体”对话框。在“字体”选项卡中，设置“中文字体”为“黑体”，设置“字号”为“三号”，设置“字体颜色”为“蓝色”，设置“字形”为“加粗”，单击“确定”按钮。

步骤 2：按题目要求设置标题段对齐属性。选中标题段文本，在【开始】功能区的【段落】分组中，单击“居中”按钮。

步骤 3：按题目要求设置正文边框和底纹属性。选中正文倒数第五行文本，在【开始】功能区的【段落】分组中，单击“下框线”下拉列表，选择“边框和底纹”选项，弹出“边框和底纹”对话框，单击“边框”选项卡，选中“方框”选项，在“颜色”中选择“绿色”，在“应用于”中选择“文字”，在“底纹”选项卡中的“填充”里选择“黄色”，在“应用于”中选择“文字”，单击“确定”按钮。

(2)【解题步骤】

步骤 1：按题目要求添加项目符号。选中正文第十二行到第十六行文本，在【开始】功能区的【段落】分组中，单击“项目符号”下拉列表，选择带有“●”图标的项目符号。

步骤 2：按照题目要求设置项目符号缩进。选中添加的项目符号，在【开始】功能区的【段落】分组中，单击“段落”按钮，弹出“段落”对话框。单击“缩进和间距”选项卡，在“缩进”选项组中，在“特殊格式”选项组中，选中“悬挂缩进”选项，设置磅值为“0.7 厘米”。单击“确定”按钮。

（3）【解题步骤】

步骤 1：按题目要求为段落设置分栏。选中正文第一段文本，在【页面布局】功能区的【页面设置】分组中，单击“分栏”下拉列表，选择“更多分栏”选项，弹出“分栏”对话框，选择“预设”选项组中的“三栏”图标，勾选“栏宽相等”，勾选“分隔线”，单击“确定”按钮。

（4）【解题步骤】

步骤 1：按题目要求将文本转换为表格。选中正文中最后 4 行文本，在【插入】功能区的【表格】分组中，单击“表格”按钮，选择“文本转换成表格”选项，弹出“将文字转换成表格”对话框，单击“确定”按钮。

步骤 2：按照题目要求设置表格对齐属性。选中表格，在【开始】功能区的【段落】分组中，单击“居中”按钮。

步骤 3：按题目要求利用公式计算表格申请专利总数内容。单击表格最后一列第 2 行，在【布局】功能区的【数据】分组中，单击“fx 公式”按钮，弹出“公式”对话框，在“公式”中输入“＝SUM（LEFT）”，单击“确定”按钮。

注：SUM（LEFT）中的 LEFT 表示对左方的数据进行求和计算，按此步骤反复进行，直到完成所有行的计算。

（5）【解题步骤】

步骤 1：按题目要求设置表格边框。选中整个表格，在【设计】功能区的【表格样式】分组中，单击“边框”下拉三角按钮，选择“左框线”和“右框线”选项。

步骤 2：按题目要求设置表格外侧框线和内部框线属性。单击表格，在【设计】功能区的【绘图边框】分组中，设置“笔画粗细”为“3 磅”，设置“笔样式”为“单实线”，设置“笔颜色”为“绿色”，此时鼠标变为“小蜡笔”形状，沿着边框线拖动设置外边框的属性。

注：当鼠标单击“绘制表格”按钮后，鼠标变为“小蜡笔”形状，选择相应的线型和宽度，沿边框线拖动小蜡笔便可以对边框线属性进行设置。按同样的操作设置内部框线。

步骤 3：保存文件。

真考题库训练 9

一、素材路径

实训素材\第 3 部分 Word 操作\真考题库训练 9\考生文件夹

二、题目要求

对考生文件夹下 Word.docx 文档中的文字进行编辑、排版和保存，具体有如下的要求。

【文档开始】

过采样技术

数据采集技术的工程实际应用问题，归结起来主要有两点：一是要求更高的采样率，以满足对高频信号的采样要求；二是要求更大的采样动态范围，以满足对微弱信号的采样要求。

为了解决这两类问题，新的采样方式应运而生。最具有代表性的是过采样技术和欠采样技术。

若 fc 为原始模拟信号中最高频率分量，fs 为采样频率，则当 $fs>2fc$ 时，称为过采样。过采样技术是一种用高采样率换取高量化位数，即以速率换取分辨率的采样方案。用过采样技术，可以提高信噪比，并便于使用数字滤波技术提高有效分辨率。过采样技术是某些 A/D 转换器（如 Σ—Δ 型 A/D 转换器）得以工作的基础。

采样方式分类

定时采样　　定时采样（等间隔采样）

　　　　　　定点采样（变步长采样）

等效采样　　时序变换采样（步进、步退、差频）

　　　　　　随机变换采样

【文档结束】

（1）将标题段（“过采样技术”）文字设置为二号红色黑体、加粗、居中。

（2）将正文各段落（“数据采集技术……工作的基础。”）中的中文文字设置为五号宋体、西文文字设置为五号 Arial 字体；各段落首行缩进 2 字符；将正文第三段（“若……工作的基础。”）中出现的所有“fc”和“fs”中的“c”和“s”设置为下标形式。

（3）在页面底端（页脚）居中位置插入页码，并设置起始页码为“Ⅲ”。

（4）将文中后 4 行文字转换为一个 4 行 2 列的表格。设置表格居中，表格第一列列宽为 2.5 厘米、第二列列宽为 7.5 厘米、行高为 0.7 厘米，表格所有文字中部居中。

（5）将表格第一、二行的第一列，第三、四行的第一列分别进行单元格合并；设置表格所有框线为 1 磅蓝色单实线。

三、操作步骤

(1)【解题步骤】

步骤 1：打开 Word. docx 文件，按题目要求设置标题段字体。选中标题段，在【开始】功能区的【字体】分组中，单击“字体”按钮，弹出“字体”对话框，按照题目要求设置字体。

步骤 2：按题目要求设置标题段对齐属性。选中标题段，在【开始】功能区的【段落】分组中，单击“居中”按钮。

(2)【解题步骤】

步骤 1：按照题目要求设置正文字体。选中正文各段，在【开始】功能区的【字体】分组中，单击“字体”按钮，弹出“字体”对话框，设置“中文字体”为“宋体”，在“西文文字”中选择“Arial”，设置“字号”为“五号”，单击“确定”按钮。

步骤 2：按题目要求设置下标。选中第三段中出现的“fc”和“fs”中的“c”和“s”，在【开始】功能区的【字体】分组中，单击“下标”按钮。

(3)【解题步骤】

步骤 1：按题目要求插入页码。在【插入】功能区的【页眉和页脚】分组中，单击“页码”按钮下拉列表，选择“页面底端”“普通数字 2”选项，单击“关闭页眉和页脚”按钮。

步骤 2：按照题目要求设置页码格式。在【插入】功能区的【页眉和页脚】分组中，单击“页码”按钮下拉列表，选择“设置页码格式”选项，弹出“页码格式”对话框，在“编号格式”下拉框中选“Ⅰ、Ⅱ、Ⅲ”，在“页码编排”的“起始页码”中选择“Ⅲ”，单击“确定”按钮。

(4)【解题步骤】

步骤 1：按照题目要求将文字转换成表格。选中后 4 行文字，在【插入】功能区的【表格】分组中，单击“表格”按钮，选择“文本转换成表格”选项，弹出“将文字转换成表格”对话框，单击“确定”按钮。

步骤 2：按照题目要求设置表格对齐属性。选中表格，在【开始】功能区的【段落】分组中，单击“居中”按钮。

步骤 3：按照题目要求设置表格列宽和行高。选中表格第一列，在【布局】功能区的【单元格大小】分组中，单击“表格属性”按钮，弹出“表格属性”对话框，单击“列”选项卡，并指定宽度为“2.5 厘米”，单击“行”选项卡，并指定高度为“0.7 厘米”，“行高值是”为“固定值”，单击“确定”按钮。按照同样的操作设置表格第二列。

步骤 4：按题目要求设置表格内容对齐方式。选中表格，在【布局】功能区的【对齐方式】分组中，单击“水平居中”按钮。

（5）【解题步骤】

步骤 1：按题目要求合并单元格。选中第 1 列的第 1 行和第 2 行，单击鼠标右键，在弹出的快捷菜单中选择“合并单元格”命令。按照同样的操作合并第 1 列的第 3 行和第 4 行。

步骤 2：按题目要求设置表格外侧框线和内部框线属性。单击表格，在【设计】功能区的【绘图边框】分组中，设置表格框线，此时鼠标变为“小蜡笔”形状，沿着边框线拖动设置外边框的属性。

注：当鼠标单击“绘制表格”按钮后，鼠标变为“小蜡笔”形状，选择相应的线型和宽度，沿边框线拖动小蜡笔便可以对边框线属性进行设置。按同样操作设置内部框线。

步骤 3：保存文件。

真考题库训练 10

一、素材路径

实训素材 \ 第 3 部分 Word 操作 \ 真考题库训练 10 \ 考生文件夹

二、题目要求

试对考生文件夹下 Word.docx 文档中的文字进行编辑、排版和保存，具体有如下的要求。

(1) 将标题段（“1. 电子商务在中国的发展”“2. 中国互联网络发展的宏观概况”和“3. 基本数据截至 2006 年底我国互联网基本情况”）文字设置为三号红色黑体、加粗、居中。

(2) 为文档中的第二、三、四段（“第一阶段……”“第二阶段……”和“第三阶段……”）添加编号，编号格式为“1)、2)、3)”，设置文档中的第二、三、四段左右各缩进 4 个字符。

(3) 将标题 2 和标题 3 间的段落（“中国电子商务的发展紧紧依托……（2007 年 1 月 23 日发布）：”）进行分栏，要求分成三栏，栏宽相等，栏间加分隔线。

(4) 将文中最后 6 行文字按照制表符转换为一个 6 行 2 列的表格。设置表格居中，将表格中第一列的第 2 和第 3 个单元格进行合并、第一列的第 4 和第 5 个单元格进行合并，以及第二列的第 4 和第 5 个单元格进行合并。

(5) 设置表格左右外边框为无边框、上下外边框为 1.5 磅黑色单实线；所有内框线为 1 磅黑色单实线。

三、操作步骤

(1)【解题步骤】

步骤 1：打开 Word.docx 文件，按题目要求设置标题段字体。选中标题段文本（共三个），在【开始】选项卡下，在【字体】组中，单击右侧的下三角对话框启动器，弹出“字体”对话框，单击“字体”选项卡，在“中文字体”中选择“黑体”，在“字号”中选择“三号”，在“字体颜色”中选择“红色”，在“字形”中选择“加粗”，单击“确定”按钮返回到编辑界面中。

步骤 2：按题目要求设置标题段对齐属性。选中标题段文本（共 3 个），在【开始】选项卡下，在【段落】组中，单击“居中”按钮。

(2)【解题步骤】

步骤 1：按题目要求添加项目编号。选中正文第二、三、四段文本，在【开始】选项卡下，在【段落】组中，单击“编号”下拉列表，在“编号库”中选择“1)、2)、3)”选项。

步骤 2：按题目要求设置段落属性。选中正文第二、三、四段文本，在【开始】选项卡下，在【段落】组中，单击右侧的下三角对话框启动器，弹出“段落”对话框，单击“缩进和间距”选项卡，在“缩进”中的“左侧”中输入“4 字符”，在“右侧”中输入“4 字符”，单击“确定”按钮返回到编辑界面中。

(3)【解题步骤】

步骤：按题目要求为段落设置分栏。选中正文标题 2 和标题 3 间的文本，在【页面布局】选项卡下，在【页面设置】组中，单击“分栏”下拉列表，选择“更多分栏”选项，弹出“分栏”对话框，选择“预设”选项组中的“三栏”图标，勾选“栏宽相等”，勾选“分隔线”，单击“确定”按钮返回到编辑界面中。

(4)【解题步骤】

步骤 1：按题目要求将文本转换为表格。选中正文中最后 6 行文本，在【插入】选项卡下，单击【表格】按钮下拉列表，选择“文本转换成表格”选项，弹出“将文字转换成表格”对话框，然后单击“确定”按钮。

步骤 2：按照题目要求设置表格对齐属性。选中表格，在【开始】选项卡下，在【段落】组中，单击“居中”按钮。

步骤 3：按题目要求合并单元格。选中第 1 列的第 2 和第 3 个单元格，单击鼠标右键，在弹出的快捷菜单中选择“合并单元格”命令。按照同样的操作合并第 1 列的第 4 和第 5 个单元格，第 2 列的第 4 和第 5 个单元格。

(5)【解题步骤】

步骤 1：按题目要求设置表格边框。选中整个表格，单击表格，在【表格工具】|【设计】选项卡下，在【表格样式】组中，单击“边框”按钮下拉列表，单击田和田。

步骤 2：按题目要求设置表格外框线和内框线属性。单击表格，在【表格工具】|【设计】选项卡下，在【绘图边框】组中设置“笔画粗细”为“1.5 磅”，设置“笔样式”为“单实线”，设置“笔颜色”为“黑色”，此时鼠标变为“小蜡笔”形状，沿着边框线拖动设置外边框的属性。

(注：当鼠标单击“绘制表格”按钮后，鼠标变为“小蜡笔”形状，选择相应的线型和宽度，沿边框线拖动小蜡笔便可以对边框线属性进行设置。)按同样的操作设置内框线。

步骤 3：保存文件。

第 4 部分 Excel 操作

真考题库训练 1

一、素材路径

实训素材 \ 第 4 部分 Excel 操作 \ 真考题库训练 1 \ 考生文件夹

二、题目要求

(1) 打开工作簿文件 EXCEL. xlsx，将工作表 sheet1 的 A1：D1 单元格合并为一个单元格，内容水平居中；计算“销售额”列的内容（销售额=销售数量 * 单价），将工作表命名为“图书销售情况表”。

	A	B	C	D
1	某书店图书销售情况表			
2	图书编号	销售数量	单价	销售额
3	0123	256	11.6	
4	1098	298	19.8	
5	2134	467	36.5	

(2) 打开工作簿文件 EXCEL. xlsx，对工作表“选修课程成绩单”内的数据清单的内容进行自动筛选（自定义），条件为“成绩大于或等于 60 并且小于或等于 80”，筛选后的工作表还保存在 EXCEL. XLS 工作簿文件中，工作表名不变。

	A	B	C	D	E
1	系别	学号	姓名	课程名称	成绩
2	信息	991021	李新	多媒体技术	74
3	计算机	992032	王文辉	人工智能	87
4	自动控制	993023	张磊	计算机图形学	65
5	经济	995034	郝心怡	多媒体技术	86
6	信息	991076	王力	计算机图形学	91
7	数学	994056	孙英	多媒体技术	77
8	自动控制	993021	张在旭	计算机图形学	60
9	计算机	992089	金翔	多媒体技术	73
10	计算机	992005	扬海东	人工智能	90
11	自动控制	993082	黄立	计算机图形学	85
12	信息	991062	王春晓	多媒体技术	78
13	经济	995022	陈松	人工智能	69
14	数学	994034	姚林	多媒体技术	89
15	信息	991025	张雨涵	计算机图形学	62
16	自动控制	993026	钱民	多媒体技术	66
17	数学	994086	高晓东	人工智能	78
18	经济	995014	张平	多媒体技术	80
19	自动控制	993053	李英	计算机图形学	93
20	数学	994027	黄红	人工智能	68
21	信息	991021	李新	人工智能	87
22	自动控制	993023	张磊	多媒体技术	75
23	信息	991076	王力	多媒体技术	81
24	自动控制	993021	张在旭	人工智能	75
25	计算机	992005	扬海东	计算机图形学	67
26	经济	995022	陈松	计算机图形学	71
27	信息	991025	张雨涵	多媒体技术	68
28	数学	994086	高晓东	多媒体技术	76
29	自动控制	993053	李英	人工智能	79
30	计算机	992032	王文辉	计算机图形学	79

三、操作步骤

（1）【解题步骤】

步骤1：打开EXCEL. xlsx文件，选中A1：D1单元格，在【开始】功能区的【对齐方式】分组中，单击“合并后居中”下拉三角按钮，选择“合并后居中”选项合并单元格，并使内容居中。

步骤2：计算“销售额”列。单击D3单元格，然后在 fx 函数编辑框中插入公式“=B3*C3”，并按【Enter】键。完成计算后，单击D3单元格，将鼠标移动到D3单元格的右下角，按住鼠标左键向下拖动即可计算出其他行的值。

注：当鼠标指针放在已插入公式的单元格的右下角时，它会变为小十字“+”，按住鼠标左键拖动其到相应的单元格即可进行数据的自动填充。

步骤3：为工作表重命名。双击Sheet1并输入“图书销售情况表”。

步骤4：保存文档。

（2）【解题步骤】

步骤1：打开EXC. xlsx文件，按要求对表格进行自动筛选。

步骤2：保存文件。

真考题库训练 2

一、素材路径

实训素材\第 4 部分 Excel 操作\真考题库训练 2\考生文件夹

二、题目要求

1. 打开工作簿文件 EXCEL. xlsx：(1) 将 Sheet1 工作表的 A1：E1 单元格合并为一个单元格，内容水平居中；计算“总产量（吨）”“总产量排名”（利用 RANK 函数，降序）；利用条件格式“数据条”下“实心填充”中的“蓝色数据条”修饰 D3：D9 单元格区域。(2) 选择“地区”和“总产量（吨）”两列数据区域的内容建立“簇状棱锥图”，图表标题为“粮食产量统计图”，图例位于底部；将图插入表 A11：E26 单元格区域，将工作表命名为“粮食产量统计表”，保存 EXCEL. XLSX 文件。

	A	B	C	D	E
1	粮食产量情况表				
2	地区	小麦产量（吨）	大豆产量（吨）	总产量（吨）	总产量排名
3	A	340	232		
4	B	430	185		
5	C	328	174		
6	D	456	212		
7	E	534	189		
8	F	754	209		
9	G	389	243		

2. 打开工作簿文件 EXC. xlsx，对工作表“产品销售情况表”内数据清单的内容建立筛选，条件是：分公司为“西部 1”和“南部 2”，产品为“空调”和“电视”，销售额均在 10 万元以上的数据，工作表名不变，保存 EXC. xlsx 工作簿。

三、操作步骤

1. (1)【解题步骤】

步骤 1：打开 EXCEL. xlsx 文件，选中 Sheet1 工作表的 A1：E1 单元格，在【开始】功能区的【对齐方式】分组中，单击右侧的下三角对话框启动器，弹出“设置单元格格式”对话框，单击“对齐”选项卡，单击“文本对齐方式”下的“水平对齐”下三角按钮，从弹出的下拉列表中选择“居中”，勾选“文本控制”下的“合并单元格”复选框，单击“确定”按钮。

步骤 2：在 D3 单元格中输入“＝B3＋C3”并按【Enter】键，将鼠标移动到 D3 单元格的右下角，按住鼠标左键不放向下拖动到 D9 单元格即可计算出其他行的值。在 E3

单元格中输入“=RANK（D3，D3：D9，0）”后按【Enter】键，将鼠标移动到 E3 单元格的右下角，按住鼠标左键不放向下拖动到 E9 单元格即可计算出其他行的值。

（2）【解题步骤】

步骤 1：按住【Ctrl】键同时选中“地区”列（A2：A9）和“总产量（吨）”列（D2：D9）数据区域的内容，在【插入】功能区的【图表】组中单击“柱形图”按钮，在弹出的下拉列表中选择“棱锥图”下的“簇状棱锥图”。

步骤 2：把图表标题“总产量（吨）”更改为“粮食产量统计图”；在【图表工具】|【布局】功能区中，单击【标签】组中的“图例”按钮，在弹出的下拉列表中选择“其他图例选项”，弹出“设置图例格式”对话框，在“图例选项”中单击“图例位置”下的“底部”单选按钮，单击“关闭”按钮。

步骤 3：选中图表，按住鼠标左键单击图表不放并拖动图表，使左上角在 A11 单元格，调整图表区大小使其在 A11：E26 单元格区域内。

步骤 4：将鼠标移动到工作表下方的表名处，双击“Sheet1”并输入“粮食产量统计表”。

步骤 5：保存 EXCEL. xlsx 文件。

2.【解题步骤】

步骤 1：打开 EXC. xlsx 文件，在有数据的区域内单击任一单元格，在【数据】功能区的【排序和筛选】组中，单击“筛选”按钮，此时，数据列表中每个字段名的右侧将出现一个下三角按钮。

步骤 2：单击 B1 单元格中的下三角按钮，在弹出的下拉列表中取消勾选“全选”复选框，勾选“西部 1”“南部 2”复选框，单击“确定”按钮。此时，筛选出的产品为“空调”和“电视”。

步骤 3：单击 F1 单元格中的下三角按钮，在弹出的下拉列表中选择“数字筛选”下的“自定义筛选”，弹出“自定义自动筛选方式”对话框，在“显示行”下，设置“销售额（万元）”大于 10，单击“确定”按钮。

步骤 4：保存 EXC. xlsx 工作簿。

真考题库训练 3

一、素材路径

实训素材\第 4 部分 Excel 操作\真考题库训练 3\考生文件夹

二、题目要求

1. 在考生文件夹下打开 EXCEL. xlsx 文件：(1) 将 Sheet1 工作表的 A1：F1 单元格合并为一个单元格，内容水平居中；计算"平均成绩"列的内容（数值型，保留小数点后 2 位），计算一组学生人数（置 G3 单元格内，利用 COUNTIF 函数）和一组学生平均成绩（置 G5 单元格内，利用 SUMIF 函数）。(2) 选取"学号"和"平均成绩"列内容，建立"簇状棱锥图"，图标题为"平均成绩统计图"，删除图例；将图插入表的 A14：G29 单元格区域内，将工作表命名为"成绩统计表"，保存 EXCEL. xlsx 文件。

	A	B	C	D	E	F	G
1	某学校学生成绩表						
2	学号	组别	数学	语文	英语	平均成绩	一组人数
3	A1	一组	112	98	106		
4	A2	一组	98	103	109		一组平均成绩
5	A3	一组	117	99	99		
6	A4	二组	115	112	108		
7	A5	一组	104	96	90		
8	A6	二组	101	110	105		
9	A7	一组	93	109	107		
10	A8	二组	95	102	106		
11	A9	一组	114	103	104		
12	A10	二组	89	106	116		

2. 打开工作簿文件 EXC. xlsx，对工作表"图书销售情况表"内数据清单的内容进行筛选，条件为各分部第三或第四季度、计算机类或少儿类图书，工作表名不变，保存 EXC. xlsx 工作簿。

三、操作步骤

1. (1)【解题步骤】

步骤 1：打开 EXCEL. xlsx 文件，选中 A1：F1 单元格，在【开始】功能区的【对齐方式】分组中，单击"合并后居中"按钮，合并单元格并使内容居中。

步骤 2：计算"平均成绩"列内容。在 F3 单元格中输入公式"＝AVERAGE（C3：E3）"并按【Enter】键，将鼠标移动到 F3 单元格的右下角，按住鼠标左键不放向下拖动即可计算出其他行的值。

步骤 3：按照题目要求设置单元格属性。选中“平均成绩”列的全部内容，在【开始】功能区的【数字】分组中，单击“设置单元格格式”按钮，弹出“设置单元格格式”对话框，单击“数字”选项卡，在“分类”列表框中选中“数值”选项，设置“小数位数”为“2”，单击“确定”按钮。

步骤 4：计算“一组人数”内容。在 G3 单元格中输入公式“=COUNTIF（B3：B12,”一组“）”并按【Enter】键。

步骤 5：计算“一组平均成绩”内容。在 G5 单元格中输入公式“=SUMIF（B3：B12,”一组“，F3：F12）”并按【Enter】键。

（2）【解题步骤】

步骤 1：按照要求建立“簇状棱锥图”。选中“学号”列和“平均成绩”列的单元格内容，在【插入】功能区的【图表】分组中，单击“创建图表”按钮，弹出“插入图表”对话框，在“柱形图”中选择“簇状棱锥图”，单击“确定”按钮，即可插入图表。

步骤 2：按照题目要求设置图表标题。在插入的图表中，选中图表标题，改为“平均成绩统计图”。

步骤 3：按照题目要求设置图例。在【布局】功能区的【标签】分组中，单击“图例”下拉按钮，选择“无（关闭图例）”选项。

步骤 4：调整图的大小并移动到指定位置。选中图表，按住鼠标左键单击图表不放并拖动，将其拖动到 A14：G29 单元格区域内。

注：不要超过这个区域。如果图表过大，无法放下，可以将鼠标放在图表的右下角，当鼠标指针变为“　”时，按住左键拖动可以将图表缩小到指定区域内。

步骤 5：双击现有名称，输入新名称“成绩统计表”，并保存文件。

2.【解题步骤】

步骤 1：打开 EXCEL.xlsx 文件，按要求对表格进行自动筛选。在【数据】功能区的【排序和筛选】分组中，单击“筛选”按钮，在第一行单元格的列标中将出现下拉按钮。单击“季度”下拉按钮，在弹出的下拉列表中选择“数字筛选”级联菜单中的“自定义筛选”选项，弹出“自定义自动筛选方式”对话框，设置第一个下拉框为“等于”，设置第二个下拉框为“3”，选中“或”单选按钮，设置第三个下拉框为“等于”，设置第四个下拉框为“4”，单击“确定”按钮。按照同样的操作设置图书类别为“计算机类”或“少儿类”。

步骤 2：保存文件。

真考题库训练 4

一、素材路径

实训素材\第 4 部分 Excel 操作\真考题库训练 4\考生文件夹

二、题目要求

1. 打开工作簿文件 EXCEL. xlsx，(1) 将工作表 sheet1 的 A1：C1 单元格合并为一个单元格，内容水平居中，计算数量的“总计”及“所占比例”列的内容（所占比例＝数量/总计，百分比型，保留小数点后两位），将工作表命名为“人力资源情况表”。(2) 选取“人力资源情况表”的“人员类型”列（A2：A6）和“所占比例”列（C2：C6）的单元格区域内容，建立“分离型饼图”，系列产生在“列”，数据标志为数据标签包括百分比，图表标题为“人力资源情况图”，插入到表的 A9：E19 单元格区域内。

	A	B	C
1	某企业人力资源情况表		
2	人员类型	数量	所占比例
3	市场销售	78	
4	研究开发	165	
5	工程管理	76	
6	售后服务	58	
7	总计		

2. 打开工作簿文件 EXA. XLSX，对工作表“数据库技术成绩单”内数据清单的内容进行分类汇总（分类汇总前请先按主要关键字“系别”升序排序），分类字段为“系别”，汇总方式为“平均值”，汇总项为“考试成绩”“实验成绩”“总成绩”（汇总数据设为数值型，保留小数点后两位），汇总结果显示在数据下方，工作表名不变，工作簿名不变。

三、操作步骤

1. (1)【解题步骤】

步骤 1：打开 EXCEL. xlsx 文件，按题目要求合并单元格并使内容居中。选中工作表 sheet1 中的 A1：C1 单元格，单击工具栏上的“ ”按钮。

步骤 2：计算“总计”内容。在 B7 单元格中输入公式“＝SUM（B3：B6）”并按【Enter】键。

步骤 3：计算“所占比例”列内容。在 C3 单元格中输入公式“＝B3/＄B＄7”并按【Enter】键，将鼠标移动到 C3 单元格的右下角，按住鼠标左键不放向下拖动即可计算出其他行的值。

注：当鼠标指针放在已插入公式的单元格的右下角时，它会变为小十字“＋”，按

住鼠标左键拖动其到相应的单元格即可进行数据的自动填充。

步骤 4：按题目要求设置单元格属性。选中 C3：C6，在【开始】功能区的【数字】分组中，单击“设置单元格格式”按钮，弹出“设置单元格格式”对话框，单击“数字”选项卡，在“分类”中选择“百分比”，在“小数位数”中输入“2”，单击“确定”按钮。

步骤 5：为工作表重命名。将鼠标移动到工作表下方的表名处，双击“sheet1”并输入“人力资源情况表”。

（2）【解题步骤】

步骤 1：按题目要求建立“分离型饼图”。选中“人员类型”列和“所占比例”列（合计行内容除外），在【插入】功能区的【图表】分组中，单击“创建图表”按钮，弹出“插入图表”对话框，在“饼图”中选择“分离型饼图”，单击“确定”按钮，即可插入图表。

步骤 2：按照题目要求设置图表标题。在插入的图表中，选中图表标题，改为“人力资源情况图”。

步骤 3：按照题目要求设置数据标志。在【布局】功能区的【标签】分组中，单击“数据标签”下拉按钮，选择“其他数据标签”选项，在弹出的“设置数据标签格式”对话框中，在“标签包括”组，只勾选“百分比”，单击“关闭”按钮。

步骤 4：调整图的大小并移动到指定位置。选中图表，按住鼠标左键单击图表不放并拖动，将其拖动到 A9：E19 单元格区域内。

注：不要超过这个区域。如果图表过大，无法放下，可以将鼠标放在图表的右下角，当鼠标指针变为“↘”时，按住左键拖动可以将图表缩小到指定区域内。

步骤 5：保存文件。

2.【解题步骤】

步骤 1：打开 EXA. xlsx 文件，按题目要求为表格排序。选中整个表格，在【数据】功能区的【排序和筛选】分组中，单击“排序”按钮，弹出“排序”对话框，在“主要关键字”中选择“系别”，在其后选中“升序”，单击“确定”按钮。

步骤 2：按题目要求对表格数据进行分类汇总。在【数据】功能区的【分级显示】分组中，单击“分类汇总”按钮，在弹出的“分类汇总”对话框中，在“分类字段”中选择“系别”，在“汇总方式”中选择“平均值”，在“选定汇总项”中选择“考试成绩”“实验成绩”“总成绩”，选中“汇总结果显示在数据下方”，单击“确定”按钮。

步骤 3：按题目要求设置单元格属性。选中汇总数据，在【开始】功能区的【数字】分组中，单击“设置单元格格式”按钮，弹出“设置单元格格式”对话框，单击“数字”选项卡，在“分类”中选择“数值”，在“小数位数”中输入“2”，单击“确定”按钮。

步骤 4：保存文件。

真考题库训练 5

一、素材路径

实训素材 \ 第 4 部分 Excel 操作 \ 真考题库训练 5 \ 考生文件夹

二、题目要求

(1) 打开工作簿文件 EXCEL. xlsx，A1：E1 单元格合并为一个单元格，内容水平居中，计算“总计”行的内容，将工作表命名为“连锁店销售情况表”。

(2) 选取“连锁店销售情况表”的 A2：E5 单元格的内容建立“带数据标记的折线图”，系列产生在“行”，图表标题为“连锁店销售情况图”，放于图表上方，将表插入表的 A7：E18 单元格区域内。

三、操作步骤

(1)【解题步骤】

步骤 1：打开 EXCEL. xlsx 文件，按题目要求合并单元格并使内容居中。选中工作表 sheet1 中的 A1：E1 单元格，单击工具栏上的“ ”按钮。

步骤 2：计算“总计”行内容。B6 中输入公式“＝SUM（B3：B5）”并回车，将鼠标移动到 B6 单元格的右下角，按住鼠标左键不放向右拖动即可计算出其他列的值。

注：当鼠标指针放在已插入公式的单元格的右下角时，它会变为小十字“＋”，按住鼠标左键拖动其到相应的单元格即可进行数据的自动填充。

步骤 3：为工作表重命名。将鼠标移动到工作表下方的表名处，双击“sheet1”并输入“连锁店销售情况表”。

(2)【解题步骤】

步骤 1：按题目要求建立“带数据标记的折线图”。选中 A2：E5 数据区域，在【插入】选项卡下，在【图表】组中，单击右侧的下三角对话框启动器，弹出“插入图表”对话框，在“折线图”中选择“带数据标记的折线图”，单击“确定”按钮，即可插入图表。

步骤 2：按照题目要求设置图表标题。在【图标工具】｜【布局】选项卡下，在【标签】组中，单击“图表标题”下拉列表，选择“图表上方”选项，在插入的图表中，选中图表标题，改为“连锁店销售情况图”。

步骤 3：调整图的大小并移动到指定位置。选中图表，按住鼠标左键单击图表不放并拖动，将其拖动到 A7：E18 单元格区域内。

注：不要超过这个区域。如果图表过大，无法放下，可以将鼠标放在图表的右下角，当鼠标指针变为“↘”时，按住左键拖动可以将图表缩小到指定区域内。

步骤 4：保存文件。

真考题库训练 6

一、素材路径

实训素材\第 4 部分 Excel 操作\真考题库训练 6\考生文件夹

二、题目要求

1. 在考生文件夹下打开 EXCEL. xlsx 文件：（1）将 sheet1 工作表的 A1：D1 单元格合并为一个单元格，内容水平居中；计算部门 1、部门 2、部门 3 的人数置 F4：F6 单元格区域（利用 COUNTIF 函数）。（2）选取“部门”列（E3：E6）和“人数”列（F3：F6）数据区域的内容建立“簇状圆柱图”，图表标题为“人员情况统计图”；将图插入到表的 A15：F25 单元格区域内，将工作表命名为“人员情况统计表”，保存 EXCEL. xlsx 文件。

2. 打开工作簿文件 EXC. xlsx，对工作表“产品销售情况表”内数据清单的内容建立数据透视表，按行为“季度”，列为“产品名称”，数据为“销售额”求和布局，并置于现工作表的 A41：E45 单元格区域，工作表名不变，保存 EXC. xlsx 工作簿。

三、操作步骤

1. (1)【解题步骤】

步骤 1：打开 EXCEL. xlsx 文件，按题目要求合并单元格并使内容居中。选中工作表 sheet1 中的 A1：D1 单元格，单击工具栏上的“ ”按钮。

步骤 2：计算“人数”列内容。在 F4 中输入公式“=COUNTIF（B3：B12，B3）”并回车，将鼠标移动到 F4 单元格的右下角，按住鼠标左键不放向下拖动即可计算出其他行的值。

注：当鼠标指针放在已插入公式的单元格的右下角时，它会变为小十字“+”，按住鼠标左键拖动其到相应的单元格即可进行数据的自动填充。

(2)【解题步骤】

步骤 1：按题目要求建立“簇状圆柱图”。选中“部门”列（E3：E6）和“人数”列（F3：F6）数据区域，在【插入】选项卡下，在【图表】组中，单击右侧的下三角对话框启动器，弹出“插入图表”对话框，在“柱形图”中选择“簇状圆柱图”，单击“确定”按钮，即可插入图表。

步骤 2：按照题目要求设置图表标题。在插入的图表中，选中图表标题，改为“人员情况统计图”。

步骤 3：调整图的大小并移动到指定位置。选中图表，按住鼠标左键单击图表不放并拖动，将其拖动到 A15：F25 单元格区域内。

注：不要超过这个区域。如果图表过大，无法放下，可以将鼠标放在图表的右下角，当鼠标指针变为“↘”时，按住左键拖动可以将图表缩小到指定区域内。

步骤 4：为工作表重命名。将鼠标移动到工作表下方的表名处，双击“sheet1”并输入“人员情况统计表”。

步骤 5：保存文件。

2.【解题步骤】

步骤 1：打开 EXC. xlsx 文件，按题目要求建立数据透视表。在【插入】选项卡下，在【表格】组中，单击“数据透视表”下拉按钮，选择“数据透视表”选项，弹出“创建数据透视表”对话框，在“请选择要分析的数据”的“选择一个表或区域”中单击“▣”，选中整个表格 A2：H38，单击“▣”，在“选择放置数据透视表的位置”中选中“现有工作表”，在下框中输入“产品销售情况表！A41：E45”，单击“确定”按钮。弹出“数据透视表字段列表”任务窗格，在“选择要添加到报表的字段”中，拖动“季度”到“行标签”，拖动“产品名称”到“列标签”，拖动“销售额”到“数值”。关闭“数据透视表字段列表”任务窗格即可。

真考题库训练 7

一、素材路径

实训素材 \ 第 4 部分 Excel 操作 \ 真考题库训练 7 \ 考生文件夹

二、题目要求

1. 打开工作簿文件 EXCEL. xlsx：(1) A1：F1 单元格合并为一个单元格，内容水平居中，计算"产值"列的内容(产值＝日产量 * 单价)，计算日产量的总计和产值的总计置于"总计"行的 B13 和 D13 单元格，计算"产量所占百分比"和"产值所占百分比"列的内容(百分比型，保留小数点后 1 位)；(2) 选取"产品型号""产量所占百分比"和"产值所占百分比"列(不含总计行)的内容建立"簇状圆锥图"，图例置于底部，将图插入表的 A15：F30 单元格区域内，将工作表命名为"日生产情况表"，保存 EXCEL. xlsx 文件。

	A	B	C	D	E	F
1	某企业日生产情况表					
2	产品型号	日产量(台)	单价（元）	产值（元）	产量所占比例	产值所占比例
3	M01	1230	320			
4	M02	2510	150			
5	M03	980	1200			
6	M04	1160	900			
7	M05	1880	790			
8	M06	780	1670			
9	M07	890	1890			
10	M08	1220	1320			
11	M09	580	1520			
12	M10	1160	1430			
13	总计					

2. 打开工作簿文件 EXC. xlsx，对工作表"产品销售情况表"内数据清单的内容进行自动方式筛选，条件依次为第 1 分店或第 3 分店、销售排名在前 30(请使用小于或等于 30)，工作表名不变，保存 EXC. xlsx 工作簿。

三、操作步骤

1. (1)【解题步骤】

步骤 1：打开 EXCEL. xlsx 文件，选中 A1：F1 单元格区域，右击，在弹出的快捷菜单中选择"设置单元格格式"命令。在弹出的"设置单元格格式"对话框中切换至"对齐"选项卡，在"文本控制"组中勾选"合并单元格"复选框。

步骤 2：在"文本对齐方式"组中的"水平对齐"下拉列表框中选择"居中"命

令。最后单击“确定”按钮即可。

步骤 3：在 D3 单元格中输入“＝B3 * C3”，然后按“Enter”键即可计算出总额。将光标置于 D3 单元格右下角，待光标变为十字形状后拖动鼠标至 D12 单元格，即可完成其他产值的计算。

步骤 4：选中 B13 单元格，在【公式】功能区的【函数库】组中单击“自动求和”下拉按钮，在弹出的下拉列表中选择“求和”命令，然后按“Enter”键即可计算出日产量的总计。按照同样的方式计算产值的总计。

步骤 5：在 E3 单元格中输入“＝B3/B13”后按“Enter”键，选中 E3 单元格，将鼠标指针移动到该单元格右下角的填充柄上，当鼠标变为形状时，按住鼠标左键，拖动单元格填充柄到 E12 单元格处即可完成产量所占百分比的计算。按照同样的方式计算产值所占百分比。

步骤 6：选中“产量所占百分比”和“产值所占百分比”两列，右击，在弹出的快捷菜单中选择“设置单元格格式”命令。在弹出的“设置单元格格式”对话框中切换至“数字”选项卡，在“分类”组中选择“百分比”命令，在“示例”中的“小数位数”微调框中输入“1”，然后单击“确定”按钮即可。

（2）【解题步骤】

步骤 1：选中“产品型号”“产量所占百分比”和“产值所占百分比”列（不含总计行）的内容区域，在【插入】功能区的【图表】组中单击“柱形图”下拉按钮，在弹出的下拉列表中选择“簇状圆锥图”命令，即可完成设置。

步骤 2：选中簇状圆锥图，在【图表工具】功能区【布局】下的【标签】组中单击“图例”下拉按钮，在弹出的下拉列表中选择“在底部显示图例”命令。

步骤 3：拖动簇状圆锥图，移动至表的 A15：F30 单元格区域内。

步骤 4：双击“Sheet1”工作表名，输入“日生产情况表 ”，即可重新命名工作表。

2.【解题步骤】

步骤 1：打开 EXCEL. xlsx 文件，在有数据的区域内单击任一单元格，在【数据】功能区的【排序和筛选】组中，单击“筛选”按钮，此时，数据列表中每个字段名的右侧将出现一个下三角按钮。

步骤 2：单击 A2 单元格中的下三角按钮，在弹出的下拉列表中选择“文本筛选”命令，并在级联菜单中选择“自定义筛选”命令，弹出“自定义自动筛选方式”对话框。单击“等于”右侧文本框中的下三角按钮，在打开的列表中选择“第 1 分店”。

步骤 3：选中“或”单选按钮，在第二个分店名称组中依旧选择“等于”，并单击右侧文本框下拉按钮，选择“第 3 分店”。最后单击“确定”按钮。

步骤 4：单击 H2 单元格中的下三角按钮，在弹出的下拉列表中选择“数字筛选”命令，并在随后打开的级联菜单中选择“小于或等于”命令，弹出“自定义自动筛选方式”对话框，单击“小于或等于”右侧文本框中的下三角按钮，在打开的下拉列表框中选择“30”，最后单击“确定”按钮。

步骤 5：单击“保存”按钮保存 EXCEL. xlsx 工作簿。

真考题库训练 8

一、素材路径

实训素材 \ 第 4 部分 Excel 操作 \ 真考题库训练 8 \ 考生文件夹

二、题目要求

1. 在考生文件夹下打开 EXCEL. xlsx 文件：（1）将 sheet1 工作表的 A1：G1 单元格合并为一个单元格，内容水平居中；计算三年各月气温的平均值（数值型，保留小数点后两位）、最高值和最低值置“平均值”行、“最高值”行和“最低值”行内；将 A2：G8 数据区域设置为自动套用格式“表样式浅色 4”。（2）选取“月份”行和“平均值”行数据区域的内容建立“簇状棱锥图”（系列产生在“行”），标题为“平均气温统计图”，清除图例；将图插入表 A10：G23 单元格区域，将工作表命名为“平均气温统计表”，保存 EXCEL. xlsx 文件。

	A	C	D	E	F	G
1	某地区近三年平均汽温统计表（单位：度）					
2	月份	二月	三月	四月	五月	六月
3	2006年	5.1	10.2	15.9	24.3	31.1
4	2007年	5.6	10.9	15.1	24.7	29.6
5	2008年	5.2	10.3	15.3	25	30.5
6	平均值					
7	最高值					
8	最低值					

2. 打开工作簿文件 EXCEL. xlsx（内容同第 20 套电子表格题 2 中的 EXCEL. xlsx 文件），对工作表“图书销售情况表”内数据清单的内容按主要关键字“图书类别”的降序次序和次要关键字“经销部门”的降序次序进行排序，完成对各类图书销售数量（册）总计的分类汇总，汇总结果显示在数据下方，工作表名不变，保存 EXC. xlsx 工作簿。

三、操作步骤

1. (1)【解题步骤】

步骤 1：打开 EXCEL. xlsx 文件，按题目要求合并单元格并使内容居中。选中工作表 sheet1 中的 A1：G1 单元格，单击工具栏上的“[按钮图标]”按钮。

步骤 2：计算“平均值”行内容。在 C6 单元格中输入公式“＝AVERAGE（C3：C5）”并按【Enter】键，将鼠标移动到 C6 单元格的右下角，按住鼠标左键不放向右拖动即可计算出其他列的值。

注：当鼠标指针放在已插入公式的单元格的右下角时，它会变为小十字“+”，按住鼠标左键拖动其到相应的单元格即可进行数据的自动填充。

步骤3：按题目要求设置单元格属性。选中C6：G6，在【开始】功能区的【数字】分组中，单击“设置单元格格式”按钮，弹出“设置单元格格式”对话框，单击“数字”选项卡，在“分类”中选择“数值”，在“小数位数”中输入“2”，单击“确定”按钮。

步骤4：计算“最高值”行内容。在C7单元格中输入公式“=MAX（C3：C6）”并按【Enter】键，将鼠标移动到C7单元格的右下角，按住鼠标左键不放向右拖动即可计算出其他列的值。

注：当鼠标指针放在已插入公式的单元格的右下角时，它会变为小十字“+”，按住鼠标左键拖动其到相应的单元格即可进行数据的自动填充。

步骤5：计算“最高值”行内容。在C8单元格中输入公式“=MIN（C3：C6）”并按【Enter】键，将鼠标移动到C8单元格的右下角，按住鼠标左键不放向右拖动即可计算出其他列的值。

注：当鼠标指针放在已插入公式的单元格的右下角时，它会变为小十字“+”，按住鼠标左键拖动其到相应的单元格即可进行数据的自动填充。

步骤6：按题目要求自动套用格式。选中A2：G8数据区域，在【开始】功能区的【样式】分组中，单击“套用表格格式”下拉按钮，选择“表样式浅色4”选项。在弹出的“套用表格式”对话框，单击“确定”按钮。

（2）【解题步骤】

步骤1：按题目要求建立“簇状棱锥图”。选中“月份”行和“平均值”行数据区域，在【插入】功能区的【图表】分组中，单击“创建图表”按钮，弹出“插入图表”对话框，在“柱形图”中选择“簇状棱锥图”，单击“确定”按钮，即可插入图表。

步骤2：按照题目要求设置图表标题。在【布局】功能区的【标签】分组中，单击“图表标题”下拉按钮，选择“图表上方”选项。在插入的图表中，选中图表标题，改为“平均气温统计图”。

步骤3：按照题目要求设置图例。在【布局】功能区的【标签】分组中，单击“图例”下拉按钮，选择“无（关闭图例）”选项。

步骤4：调整图的大小并移动到指定位置。选中图表，按住鼠标左键单击图表不放并拖动，将其拖动到A10：G23单元格区域内。

注：不要超过这个区域。如果图表过大，无法放下，可以将鼠标放在图表的右下角，当鼠标指针变为“↘”时，按住左键拖动可以将图表缩小到指定区域内。

步骤5：为工作表重命名。将鼠标移动到工作表下方的表名处，双击“sheet1”并

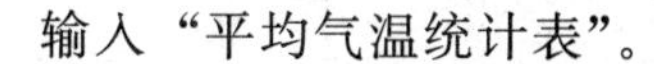
输入“平均气温统计表”。

步骤 6：保存文件。

2.【解题步骤】

步骤 1：打开 EXC. xlsx 文件，按题目要求为表格排序。在【数据】功能区的【排序和筛选】分组中，单击“排序”按钮，弹出“排序”对话框，在“主要关键字”中选择“图书类别”，在其后选中“降序”，在“次要关键字”中选择“经销部门”，在其后选中“降序”，单击“确定”按钮。

步骤 2：按题目要求对表格数据进行分类汇总。在【数据】功能区的【分级显示】分组中，单击“分类汇总”按钮，在弹出的“分类汇总”对话框中，在“分类字段”中选择“图书类别”，在“汇总方式”中选择“求和”，在“选定汇总项”中选择“数量(册)”，选中“汇总结果显示在数据下方”，单击“确定”按钮。

步骤 3：保存文件。

真考题库训练 9

一、素材路径

实训素材\第 4 部分 Excel 操作\真考题库训练 9\考生文件夹

二、题目要求

(1) 在考生文件夹下打开 EXC. xlsx 文件，将 sheet1 工作表的 A1：D1 单元格合并为一个单元格，水平对齐方式设置为居中；计算各类图书去年发行量和本年发行量的合计，计算各类图书的增长比例 [增长比例＝（本年发行量－去年发行量）/去年发行量]，保留小数点后两位，将工作表命名为“图书发行情况表”。

	A	B	C	D
1	某出版社图书发行情况表			
2	图书类别	本年发行量	去年发行量	增长比例
3	信息	679	549	
4	社会	756	438	
5	经济	502	394	
6	少儿	358	269	
7	合计			

(2) 选取“图书发行情况表”的“图书类别”和“增长比例”两列的内容建立“面积图”（合计行内容除外），X 轴上的项为图书类别（系列产生在“列”），标题为“图书发行情况图”，图例位置在底部，数据标志为“显示值”，将图插入工作表的 A9：D20 单元格区域内。

三、操作步骤

(1)【解题步骤】

步骤 1：打开 EXCEL. xlsx 文件，按题目要求合并单元格并使内容居中。选中工作表 sheet1 中的 A1：D1 单元格，单击工具栏上的“ ”按钮。

步骤 2：计算“合计”行内容。在 B7 单元格中输入公式“＝SUM（B3：B6）”并按【Enter】键，将鼠标移动到 B7 单元格的右下角，按住鼠标左键不放向右拖动即可计算出其他列的值。

注：当鼠标指针放在已插入公式的单元格的右下角时，它会变为小十字“+”，按住鼠标左键拖动其到相应的单元格即可进行数据的自动填充。

步骤 3：计算“增长比例”列内容。在 D3 单元格中输入公式“＝（B3－C3）/C3”并按【Enter】键，将鼠标移动到 D3 单元格的右下角，按住鼠标左键不放向下拖动即可计算出其他行的值。

注：当鼠标指针放在已插入公式的单元格的右下角时，它会变为小十字“+”，按住鼠标左键拖动其到相应的单元格即可进行数据的自动填充。

步骤 4：按题目要求设置单元格属性。选中 D3：D6，在【开始】功能区的【数字】分组中，单击“设置单元格格式”按钮，弹出“设置单元格格式”对话框，在“数字”选项卡中选择“数值”，在“小数位数”中输入“2”，单击“确定”按钮。

步骤 5：为工作表重命名。将鼠标移动到工作表下方的表名处，双击“sheet1”并输入“图书发行情况表”。

步骤 6：保存文件。

(2)【解题步骤】

步骤 1：按题目要求建立“面积图”。选中“图书类别”列和“增长比例”列（合计行内容除外)，在【插入】功能区的【图表】分组中，单击“创建图表”按钮，弹出“插入图表”对话框，在“面积图”中选择“面积图”，单击“确定”按钮，即可插入图表。

步骤 2：按照题目要求设置图表标题。在插入的图表中，选中图表标题，改为“图书发行情况图”。

步骤 3：按照题目要求设置图例。在【布局】功能区的【标签】分组中，单击“图例”下拉按钮，选择“在底部显示图例”选项。

步骤 4：按照题目要求设置数据标志。在【布局】功能区的【标签】分组中，单击“数据标签”下拉按钮，选择“其他数据标签”选项，在弹出的“设置数据标签格式”对话框中，在“标签包括”组，只勾选“值”，单击“关闭”按钮。

步骤 5：调整图的大小并移动到指定位置。选中图表，按住鼠标左键单击图表不放并拖动，将其拖动到 A9：D20 单元格区域内。

注：不要超过这个区域。如果图表过大，无法放下，可以将鼠标放在图表的右下角，当鼠标指针变为“↘”时，按住左键拖动可以将图表缩小到指定区域内。

步骤 6：保存文件。

真考题库训练 10

一、素材路径

实训素材\第 4 部分 Excel 操作\真考题库训练 10\考生文件夹

二、题目要求

1. 在考生文件夹下打开 EXCEL. xlsx 文件：(1) 将 sheet1 工作表的 A1：D1 单元格合并为一个单元格，内容水平居中；计算"调薪后工资"列的内容（调薪后工资＝现工资＋现工资 * 调薪系数），计算现工资和调薪后工资的普遍工资（置 B18 和 D18 单元格，利用 MODE 函数）；将 A2：D17 区域格式设置为自动套用格式"表样式浅色 3"。(2) 选取"现工资"列和"调薪后工资"列内容，建立"簇状柱形图"（系列产生在"列"），图表标题为"工资统计图"，设置图表绘图区格式为白色，图例位置置底部；将图插入表的 A20：E34 单元格区域内，将工作表命名为"工资统计表"，保存 EXCEL. xlsx 文件。

2. 打开工作簿文件 EXC. xlsx，对工作表"人力资源情况表"内数据清单的内容进行自动筛选，条件为各部门学历为硕士或博士、职称为高工的人员情况，工作表名不变，保存 EXC. xlsx 文件。

三、操作步骤

1. (1)【解题步骤】

步骤 1：打开 EXCEL. xlsx 文件，按题目要求合并单元格并使内容居中。选中工作表 sheet1 中的 A1：D1 单元格，单击工具栏上的"[按钮图标]"按钮。

步骤 2：计算"调薪后工资"列内容。在 D3 中输入公式"＝B3＋B3 * C3"并回车，将鼠标移动到 D3 单元格的右下角，按住鼠标左键不放向下拖动即可计算出其他行的值。

注：当鼠标指针放在已插入公式的单元格的右下角时，它会变为小十字"＋"，按住鼠标左键拖动其到相应的单元格即可进行数据的自动填充。

步骤 3：计算"现工资的普遍工资"内容。在 B18 中输入公式"＝MODE（B3：B17）"并回车。

步骤 4：计算"调薪后工资的普遍工资"内容。在 D18 中输入公式"＝MODE（D3：D17）"并回车。

步骤 5：按题目要求自动套用格式。选中 A2：D17 数据区域，在【开始】选项卡

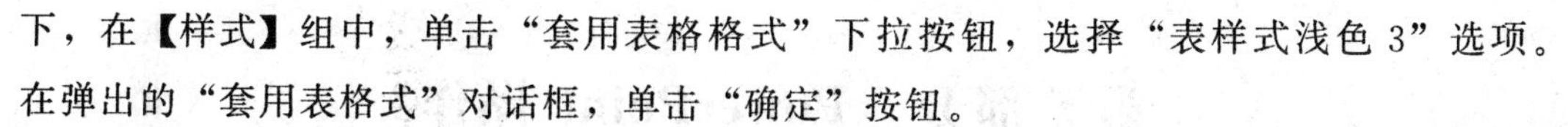

下，在【样式】组中，单击“套用表格格式”下拉按钮，选择“表样式浅色 3”选项。在弹出的“套用表格式”对话框，单击“确定”按钮。

（2）【解题步骤】

步骤 1：按题目要求建立“簇状柱形图”。选中“现工资”列和“调薪后工资”列数据区域，在【插入】选项卡下，在【图表】组中，单击右侧的下三角对话框启动器，弹出“插入图表”对话框，在“柱形图”中选择“簇状柱形图”，单击“确定”按钮，即可插入图表。

步骤 2：按照题目要求设置图表标题。在【图表工具】｜【布局】选项卡下，在【标签】组中，单击“图表标题”下拉按钮，选择“图表上方”选项。在插入的图表中，选中图表标题，改为“工资统计图”。

步骤 3：按题目要求设置图表的背景墙图案。鼠标双击插入的图表，弹出“设置图表区格式”对话框，在“填充”选项卡中选择“纯色填充”，选中颜色为“白色”，单击“关闭”按钮。

步骤 4：按照题目要求设置图例。在【图表工具】｜【布局】选项卡下，在【标签】组中，单击“图例”下拉按钮，选择“在底部显示图例”选项。

步骤 5：调整图的大小并移动到指定位置。选中图表，按住鼠标左键单击图表不放并拖动，将其拖动到 A20：E34 单元格区域内。

注：不要超过这个区域。如果图表过大，无法放下，可以将鼠标放在图表的右下角，当鼠标指针变为“↘”时，按住左键拖动可以将图表缩小到指定区域内。

步骤 6：为工作表重命名。将鼠标移动到工作表下方的表名处，双击“sheet1”并输入“工资统计表”。

步骤 7：保存文件。

2.【解题步骤】

步骤 1：打开 EXC. xlsx 文件，按题目要求对数据进行自动筛选。在【数据】选项卡下，在【排序和筛选】组中，单击“筛选”按钮，在第一行单元格的列标中将出现按钮。单击“学历”列，选择“数字筛选”中的“自定义筛选”选项，弹出“自定义自动筛选方式”对话框，在“学历”中选择“等于”，在其后选择“硕士”，选择“或”，选择“等于”，在其后选择“博士”，单击“确定”按钮。单击“职称”列，选择“高工”。

步骤 2：保存文件。

第5部分 PowerPoint 操作

真考题库训练1

一、素材路径

实训素材\第5部分 PowerPoint 操作\真考题库训练1\考生文件夹

二、题目要求

打开考生文件夹下的演示文稿 yswg. pptx，按照下列要求完成对此文稿的修饰并保存。

(1) 在演示文稿开始处插入一张“只有标题”幻灯片，作为文稿的第一张幻灯片，标题键入“龟兔赛跑”，设置为：加粗、66磅；将第二张幻灯片的动画效果设置为：“切入”“自左侧”。

(2) 使用演示文稿设计模板“复合”修饰全文。全部幻灯片的切换效果设置成“平移”。

三、操作步骤

(1)【解题步骤】

步骤1：打开 yswg. pptx 文件，按照要求插入新幻灯片。鼠标移到第一张幻灯片之前，在【开始】功能区的【幻灯片】分组中，单击“新建幻灯片”按钮，选择“仅标题”选项。把新插入的幻灯片作为第一张幻灯片。

步骤 2：在第一张幻灯片的“单击此处添加标题”处输入“龟兔赛跑”。

步骤 3：按题目要求设置字体。选中标题“龟兔赛跑”，在【开始】功能区的【字体】分组中，单击“字体”按钮，弹出“字体”对话框。在“字体”选项卡中，设置“大小”为“66 磅”，设置“字体样式”为“加粗”，单击“确定”按钮。

步骤 4：按照题目要求设置剪贴画的动画效果。选中第二张幻灯片图片，在【动画】功能区的【动画】分组中，单击“其他”下拉三角按钮，选择“更多进入效果”选项，弹出“更改进入效果”对话框。在“基本型”选项组中选择“切入”效果。在【动画】分组中，单击“效果选项”按钮，选择“自左侧”选项，单击“确定”按钮。

(2)【解题步骤】

步骤 1：按照题目要求设置幻灯片模板。选中全部幻灯片，在【设计】功能区的【主题】分组中，单击“其他”下拉三角按钮，选择“复活”主题，修饰全文。

步骤 2：按照题目要求设置幻灯片的切换效果。选中所有幻灯片，在【切换】功能区的【切换到此幻灯片】分组中，单击“其他”下拉三角按钮，在“动态内容”选项组中选择“平移”效果。

步骤 3：保存文件。

真考题库训练 2

一、素材路径

实训素材\第 5 部分 PowerPoint 操作\真考题库训练 2\考生文件夹

二、题目要求

打开考生文件夹下的演示文稿 yswg.pptx，按照下列要求完成对此文稿的修饰并保存。

1. 使用“凤舞九天”主题修饰全文，放映方式为“观众自行浏览”。

2. 将第四张幻灯片版式改为“两栏内容”，将考生文件夹下的图片文件 ppt1.jpg 插入第四张幻灯片右侧内容区。第一张幻灯片加上标题“计算机功能”，图片动画设置为“强调”“陀螺旋”，效果选项的方向为“逆时针”、数量为“完全旋转”。然后将第二张幻灯片移到第一张幻灯片之前，幻灯片版式改为“标题幻灯片”，主标题为“计算机系统”，字体为“黑体”，52 磅字，副标题为“计算机功能与硬件系统组成”，30 磅字，背景设置渐变填充预设颜色为“宝石蓝”，类型为“矩形”。第三张幻灯片的版式改为“标题和内容”，标题为“计算机硬件系统”，将考生文件夹下的图片文件 ppt2.jpg 插入内容区，并插入备注：“硬件系统只是计算机系统的一部分”。使第四张幻灯片成为第二张幻灯片。

三、操作步骤

1.【解题步骤】

步骤 1：打开演示文稿 yswg.pptx，在【设计】功能区的【主题】组中，单击“其他”下三角按钮，在展开的主题库中选择“凤舞九天”。

步骤 2：在【幻灯片放映】功能区的【设置】组中单击“设置幻灯片放映”按钮，弹出“设置放映方式”对话框，在“放映类型”选项下单击“观众自行浏览（窗口）”单选按钮，再单击“确定”按钮。

2.【解题步骤】

步骤 1：选中第四张幻灯片，在【开始】功能区的【幻灯片】组中单击“版式”按钮，在弹出的下拉列表中选择“两栏内容”。在右侧内容区，单击“插入来自文件的图片”按钮，弹出“插入图片”对话框，从考生文件夹下选择图片文件 ppt1.png，单击“插入”按钮。

步骤2：在第一张幻灯片的标题文本框中输入“计算机功能”。选中该幻灯片的图片，在【动画】功能区的【动画】组中，单击“其他”下三角按钮，在弹出的下拉列表中选择“强调”下的“陀螺旋”，单击“效果选项”按钮，从弹出的下拉列表中选择“逆时针”；单击【动画】组中右侧的下三角对话框启动器，弹出“陀螺旋”对话框，单击“效果”选项卡，在“设置”下设置“数量”为“完全旋转”，单击“确定”按钮。

步骤3：在普通视图下，按住鼠标左键，拖曳第二张幻灯片到第一张幻灯片。在【开始】功能区的【幻灯片】组中单击“版式”按钮，在弹出的下拉列表中选择“标题幻灯片”。在主标题文本框中输入“计算机系统”，选中主标题，在【开始】功能区的【字体】组中，单击右侧的下三角对话框启动器，弹出“字体”对话框，单击“字体”选项卡，在“中文字体”中选择“黑体”，设置“大小”为“52磅”，单击“确定”按钮。选中原来的副标题，按“Backspace”键删除后输入新的副标题“计算机功能与硬件系统组成”，按前面同样方法设置字体大小为“30磅”。单击【设计】功能区【背景】组中的“背景样式”按钮，在弹出的下拉列表中选择“设置背景格式”命令，弹出“设置背景格式”对话框，在“填充”下选中“渐变填充”单选按钮，单击“预设颜色”按钮，从弹出的下拉列表中选择“宝石蓝”，单击“类型”下拉按钮，从弹出的下拉列表中选择“矩形”，单击“关闭”按钮。

步骤4：选中第三张幻灯片，在【开始】功能区的【幻灯片】组中单击“版式”按钮，在弹出的下拉列表中选择“标题和内容”。输入标题为“计算机硬件系统”。单击文本区“插入来自文件的图片”按钮，弹出“插入图片”对话框，从考生文件夹下选择图片文件ppt2.png，单击“插入”按钮。在该幻灯片下方的备注栏中，单击鼠标左键，输入“硬件系统只是计算机系统的一部分”，即可添加备注文本。

步骤5：在普通视图下，按住鼠标左键，拖曳第四张幻灯片到第二张幻灯片。

步骤6：保存演示文稿。

真考题库训练 3

一、素材路径

实训素材\第 5 部分 PowerPoint 操作\真考题库训练 3\考生文件夹

二、题目要求

打开考生文件夹下的演示文稿 yswg. pptx，按照下列要求完成对此文稿的修饰并保存。

1. 在第一张幻灯片中插入样式为“填充－白色，投影”的艺术字“运行中的京津城铁”，文字效果为“转换－波形 2”，艺术字位置为水平为 6 厘米，自左上角，垂直为 7 厘米，自左上角。第二张幻灯片的版式改为“两栏内容”，在右侧文本区输入“一等车厢票价不高于 70 元，二等车厢票价不高于 60 元。”，且文本设置为“楷体”、47 磅字。将考生文件夹下的图片文件 ppt1. jpg 插入第三张幻灯片的内容区域。在第三张幻灯片备注区插入文本“单击标题，可以循环放映。”

2. 第一张幻灯片的背景设置为“金乌坠地”预设颜色。幻灯片放映方式为“演讲者放映”。

三、操作步骤

1.【解题步骤】

步骤 1：打开 yswg. pptx 文件，按照题目要求插入艺术字。选中第一张幻灯片，在【插入】功能区的【文本】分组中，单击“艺术字”下拉按钮，在弹出的下拉菜单中选择“填充－白色，投影”。选中“请在此放置您的文字”，输入“运行中的京津城铁”。

步骤2：按照题目要求设置艺术字文本效果。选中艺术字，在【绘图工具】|【格式】功能区的【艺术字样式】组中，单击“文本效果”按钮，在弹出的下拉列表中选择“转换”，在打开的级联菜单中选择“波形2”。

步骤3：按照题目要求设置艺术字位置。选中插入的艺术字，在【绘图工具】|【格式】功能区的【大小】分组中，单击右侧的下三角对话框启动器，弹出“设置形状格式”对话框，单击“位置”选项卡，设置“水平”为“6厘米”，“自”为“左上角”，设置“垂直”为“7厘米”，“自”为“左上角”，单击“关闭”按钮，艺术字设置完成。

步骤4：按照题目要求设置幻灯片版式。选中第二张幻灯片，在【开始】功能区的【幻灯片】分组中，单击“版式”按钮，在弹出的下拉列表中选择“两栏内容”。

步骤5：在第二张幻灯片的右侧文本区输入“一等车厢票价不高于70元，二等车厢票价不高于60元。”，按题目要求设置字体。选中右侧文本，在【开始】功能区的【字体】分组中，单击“字体”按钮，弹出“字体”对话框。在“字体”选项卡中，设置“中文字体”为“楷体”，设置“大小”为“47”，单击“确定”按钮。

步骤6：在第三张幻灯片的内容区域，单击“插入来自文件的图片”按钮，弹出“插入图片”对话框，从考生文件夹下选择图片文件“ppt1.jpg”，单击“插入”按钮。

步骤7：选中第三张幻灯片，单击窗口幻灯片下方“单击此处添加备注”处，在空白处输入“单击标题，可以循环放映。”，插入备注。

2.【解题步骤】

步骤1：按题目要求设置幻灯片的背景。选中第一张幻灯片，在【设计】功能区的【背景】分组中，单击“背景样式”按钮，在弹出的下拉列表中选择“设置背景格式”，弹出“设置背景格式”对话框，单击“填充”选项卡，选中“渐变填充”单选按钮，在“预设颜色”中选择“金乌坠地”，单击“关闭”按钮。

步骤2：按照题目要求设置幻灯片的放映方式。选中全部幻灯片，在【幻灯片放映】功能区的【设置】分组中，单击“设置幻灯片放映”按钮，弹出“设置放映方式”对话框，在“放映类型”中选择“演讲者放映（全屏幕）”，单击“确定”按钮，完成幻灯片的放映方式的设置。

真考题库训练 4

一、素材路径

实训素材 \ 第 5 部分 PowerPoint 操作 \ 真考题库训练 4 \ 考生文件夹

二、题目要求

打开考生文件夹下的演示文稿 yswg. pptx，按照下列要求完成对此文稿的修饰并保存。

鉴别方法

- ◆气味
- 不能有酸异味。
- ◆色泽
- 一般，高品质食用油颜色浅，劣质油比合格油颜色要深。
- ◆透明度
- 好油透明度好，无浑浊，无沉淀物。

食用油鉴别

消费警示

(1) 在第一张幻灯片前插入一张新幻灯片，版式为“内容与标题”，输入标题为“问题油”，文本部分输入“问题油黑名单曝光后，引起社会的极大关注。市民如何鉴别食用油?”，剪贴画部分插入 Office 收藏集中“ buses，busses，school buses...”类的剪贴画。剪贴画动画设置为“进入”“阶梯状”“右上”。该幻灯片的背景填充预设颜色

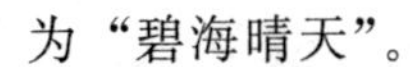

为“碧海晴天”。

（2）将最后一张幻灯片移动为第一张幻灯片。全部幻灯片放映方式为“观众自行浏览”。

3. 操作步骤

步骤 1：打开 yswg. pptx 文件，按题目要求插入新幻灯片。鼠标移到第一张幻灯片之前，在【开始】功能区的【幻灯片】分组中，单击“新建幻灯片”下拉三角按钮，选择“内容与标题”。

步骤 2：在文本处输入要求的内容。在新建幻灯片的标题中输入“问题油”在文本部分输入“问题油黑名单曝光后，引起社会的极大关注。市民如何鉴别食用油?”。

步骤 3：按题目要求插入剪贴画。鼠标单击第一张幻灯片的剪贴画，弹出“剪贴画”窗口。在“搜索文字”中输入“运输”，单击“搜索”按钮，在弹出的运动类剪贴画中选择“buses，busses，school buses...”，插入完成后单击“关闭”按钮。

步骤 4：按题目要求设置幻灯片的动画效果。选中第一张幻灯片中的剪贴画，在【动画】功能区的【动画】分组中，单击“其他”下拉三角按钮，在展开的效果样式库中选择“更多进入效果”选项，弹出“更改进入效果”对话框。在“基本型”选项组中选择“阶梯状”，单击“确定”按钮。在【动画】分组中，单击“效果选项”按钮，设置方向为“右上”。

步骤 5：按题目要求设置幻灯片背景。选中第一张幻灯片，在【设计】功能区的【背景】分组中，单击“背景样式”按钮，在下拉列表中选择“设置背景格式”，弹出“设置背景格式”对话框，单击“填充”选项卡，选择“渐变填充”，在“预设颜色”中选择“碧海晴天”，单击“关闭”按钮。

（2）【解题步骤】

步骤 1：按题目要求移动幻灯片的位置。选中最后 1 张幻灯片，单击右键，在弹出的快捷菜单中选择“剪切”，将鼠标移动到第一张幻灯片之前，单击右键，在弹出的快捷菜单中选择“粘贴”。

步骤 2：按题目要求设置幻灯片放映方式。选中所有幻灯片，在【幻灯片放映】功能区的【设置】分组中，单击“设置幻灯片放映”按钮，弹出“设置放映方式”对话框，在“放映类型”中选择“观众自行浏览（窗口）”，单击“确定”按钮，完成幻灯片的放映方式的设置。

步骤 3：保存文件。

真考题库训练 5

一、素材路径

实训素材 \ 第 5 部分 PowerPoint 操作 \ 真考题库训练 5 \ 考生文件夹

二、题目要求

打开考生文件夹下的演示文稿 yswg. pptx，按照下列要求完成对此文稿的修饰并保存。

(1) 整个演示文稿设置成“新闻纸”模板。在演示文稿最后插入一张“仅标题”幻灯片，输入标题为：“网络为你助力!”，设置为：60 磅、红色（注意：请用自定义标签中的红色 255，绿色 0，蓝色 0），将这张幻灯片移动 为演示文稿的第 1 张幻灯片。

(2) 第 3 张幻灯片版式改变为“垂直排列标题与文本”。

三、操作步骤

(1)【解题步骤】

步骤 1：打开 yswg. pptx 文件，按题目要求设置幻灯片的设计模板。选中全部幻灯片，在【设计】选项卡下，在【主题】组中，单击“其他”快翻按钮，在展开的样式库中选择“新闻纸”样式。

步骤 2：按题目要求插入新幻灯片。鼠标移到最后第 1 张幻灯片之后，在【开始】选项卡下，在【幻灯片】组中，单击“新建幻灯片”下拉列表，选择“仅标题”。

步骤 3：在文本处输入要求的内容。在新建幻灯片的标题中输入“网络为你助力!”。

步骤 4：按题目要求设置字体。选中标题文本，在【开始】选项卡下，在【字体】组中单击右侧的下三角对话框启动器，弹出“字体”对话框。单击“字体”选项卡，在“大小”中选择“60 磅”，在“字体颜色”中选择“其他颜色”，弹出“颜色”对话框，单击“自定义”选项卡，在“红色”中输入“255”，在“绿色”中输入“0”，在“蓝色”中输入“0”，单击“确定”按钮，再单击“确定”按钮返回到编辑界面中。

步骤 5：按题目要求移动幻灯片的位置。选中最后 1 张幻灯片，单击右键，在弹出的快捷菜单中选择“剪切”，将鼠标移动到第 1 张幻灯片之前，单击右键，在弹出的快捷菜单中选择“粘贴”。

(2)【解题步骤】

步骤 1：按题目要求设置幻灯片版式。选中第 3 张幻灯片，在【开始】选项卡下，在【幻灯片】组中，单击“版式”按钮，在下拉列表中选择“垂直排列标题与文本”。

步骤 2：保存文件。

真考题库训练 6

一、素材路径

实训素材 \ 第 5 部分 PowerPoint 操作 \ 真考题库训练 6 \ 考生文件夹

二、题目要求

打开考生文件夹下的演示文稿 yswg.pptx，按照下列要求完成对此文稿的修饰并保存。

1. 使用“华丽”模板修饰全文，设置放映方式为“观众自行浏览”。

2. 在第三张幻灯片前插入一版式为“空白”的新幻灯片，内容区插入 4 行 2 列的表格。第一列的第 1～4 行依次录入“项目”“培训模式”“教学管理”和“能力培养”。第二列的第 1 行录入“方法”，将第一张幻灯片的文本第 1～3 段依次移到表格第二列的第 2～4 行。第四张幻灯片的版式改为“内容与标题”，将第一张幻灯片的图片移到第四张幻灯片的内容区，将第二张幻灯片的第一段文本移到第四张幻灯片的文本区。删除第一张幻灯片。移动第三张幻灯片，使之成为第一张幻灯片。在第二张幻灯片文本“专升本教育试验班”上设置超链接，链接对象是本文档的第三张幻灯片。第一张幻灯片的图片和文本的动画均设置为“进入”“上浮”。动画顺序为先文本后图片。

三、操作步骤

1.【解题步骤】

步骤 1：打开 yswg.pptx 文件，按题目要求设置幻灯片的设计模板。选中全部幻灯片，在【设计】选项卡下，在【主题】组中，单击“其他”快翻按钮，在展开的样式库中选择“华丽”样式。

步骤 2：按题目要求设置幻灯片放映方式。选中所有幻灯片，在【幻灯片放映】选项卡下，在【设置】组中，单击“设置幻灯片放映”按钮，弹出“设置放映方式”对话框，在“放映类型”中选择“观众自行浏览（窗口）”，单击“确定”按钮，完成幻灯片的放映方式的设置。

2.【解题步骤】

步骤 1：按题目要求插入新幻灯片。鼠标移到第 3 张幻灯片之前，在【开始】选项卡下，在【幻灯片】组中，单击“新建幻灯片”下拉列表，选择“内容”。

步骤 2：按题目要求在内容区插入表格。鼠标单击内容区，在【插入】选项卡下，在【表格】组中，单击“表格”下拉列表，选择“插入表格”选项，在弹出的

“插入表格”对话框中，设置“列数”为“2”，设置“行数”为“4”，单击“确定”按钮。

步骤 3：按题目要求为表格录入内容。第一列的第 1～4 行依次录入“项目”“培训模式”“教学管理”和“能力培养”。第二列的第 1 行录入“方法”，将第 1 张幻灯片的文本第 1～3 段依次剪切粘贴到表格第二列的第 2～4 行。

步骤 4：按题目要求设置幻灯片版式。选中第 4 张幻灯片，在【开始】选项卡下，在【幻灯片】组中，单击“版式”按钮，在下拉列表中选择“内容与标题”。

步骤 5：按题目要求移动图片。选中第 1 张幻灯片的图片，单击鼠标右键，在弹出的快捷菜单中选择“剪切”，选择第 4 张幻灯片，右键单击内容区，在弹出的快捷菜单中选择“粘贴”。

步骤 6：选中第 2 张幻灯片的第一段文本，单击鼠标右键，在弹出的快捷菜单中选择“剪切”，选择第 4 张幻灯片，右键单击文本区，在弹出的快捷菜单中选择“粘贴”。

步骤 7：按题目要求删除幻灯片。选中第 1 张幻灯片，单击鼠标右键，在弹出的快捷菜单中选择“删除幻灯片”，即可删除幻灯片。

步骤 8：按题目要求移动幻灯片的位置。选中第 3 张幻灯片，单击右键，在弹出的快捷菜单中选择“剪切”，将鼠标移动到第 1 张幻灯片之前，单击右键，在弹出的快捷菜单中选择“粘贴”。

步骤 9：按题目要求设置超链接。选中第 2 张幻灯片的文本“专升本教育试验班”，在【插入】选项卡下，在【链接】组中，单击“超链接”按钮，弹出“编辑超链接”对话框，单击对话框左侧的“文档中的位置”选项，然后在“请选择文档中的位置”列表框中选中“幻灯片标题”下的“幻灯片 3”选项，单击“确定”按钮，超链接设置完成。

步骤 10：按题目要求设置幻灯片的动画效果。选中第 1 张幻灯片中的图片，在【动画】选项卡下，在【动画】组中，单击“其他”快翻按钮，在展开的效果样式库中选择“更多进入效果”选项，弹出的“更改进入效果”对话框，在“温和型”中选择“上浮”，单击“确定”按钮。按同样的操作设置文本的动画效果为“进入”“上浮”。

步骤 11：按题目要求设置动画顺序。完成上述操作后，在【动画】选项卡下，在【计时】组中，单击“动画重新排序”按钮“向前移动”的箭头即可。设置顺序为先文本后图片。

步骤 12：保存文件。

真考题库训练 7

一、素材路径

实训素材 \ 第 5 部分 PowerPoint 操作 \ 真考题库训练 7 \ 考生文件夹

二、题目要求

打开考生文件夹下的演示文稿 yswg. pptx，按照下列要求完成对此文稿的修饰并保存。

1. 使用“波形”主题修饰全文，全部幻灯片切换效果为“分割”，效果选项为“中央向上下展开”。

2. 将第一张幻灯片版式改为“两栏内容”，将第二张幻灯片的图片移到第一张幻灯片右侧内容区，图片动画效果设置为“进入、十字形扩展”，方向效果为“缩小”，形状效果为“加号”。将第三张幻灯片版式改为“标题幻灯片”，主标题为“宽带网设计战略”，副标题为“实现效益的一种途径”，主标题为黑体、加粗、55 磅字。并将该幻灯片移动为第一张幻灯片。第三张幻灯片版式改为“空白”，在位置（水平：3.8 厘米，自：左上角，垂直：8.3 厘米，自：左上角）插入“填充－白色，渐变轮廓－强调文字颜色 1”样式的艺术字“宽带网信息平台架构”，文字效果为“转换－波形 1”。

三、操作步骤

1.【解题步骤】

步骤 1：打开 yswg. pptx 文件，选中所有幻灯片，在【设计】功能区的【主题】分组中，单击“其他”下三角按钮，在弹出的下拉列表中选择“波形”主题修饰全文。

步骤 2：选中所有幻灯片，在【切换】功能区的【切换到此幻灯片】组中单击“分割”命令，在“效果选项”下拉列表中选择“中央向上下展开”命令。

2.【解题步骤】

步骤 1：选中第一张幻灯片，然后单击【开始】功能区【幻灯片】组中的“版式”下拉按钮，在弹出的下拉列表中选择“两栏内容”命令。

步骤 2：选中第二张幻灯片图片，右击，选择“剪切”命令，然后切换至第一张幻灯片右侧内容区，再选择“粘贴”命令即可完成图片的移动。

步骤 3：在【动画】功能区的【动画】分组中，单击“其他”下拉按钮，在弹出的下拉列表中选择“更多进入效果”命令，弹出“更改进入效果”对话框，选择“十字形扩展”命令后单击“确定”按钮即可。返回至【动画】功能区的【动画】分组，单击“效果选项”下拉按钮，在弹出的下拉列表中，设置方向效果为“缩小”，形状效果为“加号”。

步骤 4：选中第二张幻灯片，然后单击【开始】功能区【幻灯片】组中的“版式”下拉按钮，在弹出的下拉列表中选择“标题幻灯片”命令。输入主标题为“宽带网设计战略”，副标题为“实现效益的一种途径”。选中主标题，在【开始】功能区【字体】组中设置字体为“黑体”，字号为“55”，并单击“加粗”按钮。设置完毕后拖动第三张幻灯片不放，移至第一张幻灯片处释放鼠标，即可将该幻灯片移动为第一张幻灯片。

步骤 5：选中新的第三张幻灯片，然后单击【开始】功能区【幻灯片】组中的“版式”下拉按钮，在弹出的下拉列表中选择“空白”命令。单击【插入】功能区【文本】组中“艺术字”下拉按钮，在弹出的下拉列表中选择“填充－白色，轮廓－强调文字颜色 1”选项，随即弹出艺术字文本框，输入“宽带网信息平台架构”字样。输入完毕后选中艺术字，右击，在弹出的下拉列表中选择“设置形状格式”命令，弹出“设置形状格式”对话框。切换至“位置”选项，设置水平位置为“3.8 厘米”，自“左上角”，垂直位置为“8.3 厘米”，自“左上角”。单击【绘图工具】｜【格式】功能区【艺术字样式】组中“文字效果”下三角按钮，在弹出的下拉列表中选择“转换－波形 1”命令。

步骤 6：保存文件。

真考题库训练 8

一、素材路径

实训素材 \ 第 5 部分 PowerPoint 操作 \ 真考题库训练 8 \ 考生文件夹

二、题目要求

打开考生文件夹下的演示文稿 yswg.pptx，按照下列要求完成对此文稿的修饰并保存。

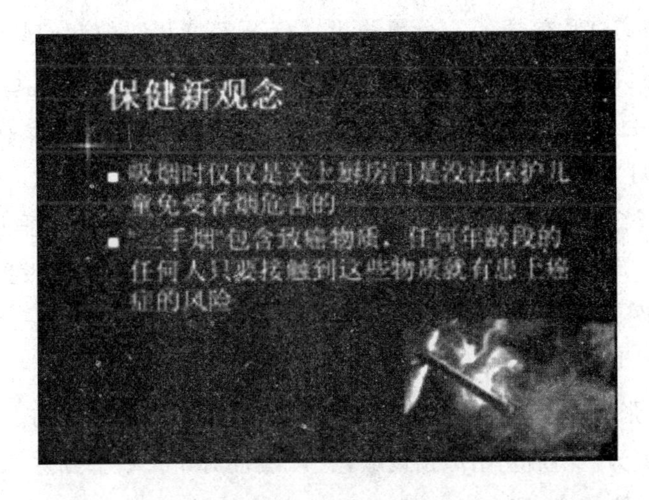

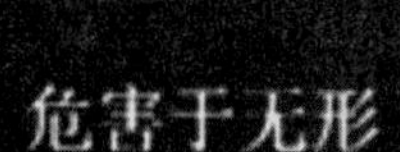

1. 在第一张幻灯片前插入一个版式为“标题幻灯片”的新幻灯片，主标题输入“三手烟危害儿童健康”，并设置为“黑体”，63 磅，红色（请用自定义选项卡的红色 250、绿色 0、蓝色 0），副标题输入“吸烟危害又有新发现”，并设置为“楷体”，33 磅。在第三张幻灯片中插入形状为“渐变填充－黑色，轮廓－白色，外部阴影”的艺术字“保健新概念”，位置为水平：9 厘米，度量依据：左上角，垂直：14 厘米，度量依据：左上角。第四张幻灯片的版式改为“内容与标题”，文本设置为 21 磅字，将第二张幻灯片的图片移入剪贴画区域。第一张幻灯片添加备注“三手烟包含致癌物质”。

2. 删除第二张幻灯片，将第三张幻灯片移到第二张幻灯片之前。第一张幻灯片的背景预设颜色设置为“雨后初晴”预设颜色、“线性对角－右上到左下”底纹样式。全部幻灯片切换效果为“淡出”。

三、操作步骤

(1)【解题步骤】

步骤 1：打开 yswg.pptx 文件，按题目要求插入新幻灯片。鼠标移到第一张幻灯片之前，在【开始】功能区的【幻灯片】分组中，单击“新建幻灯片”下拉三角按钮，选择“标题幻灯片”。

步骤 2：在文本处输入要求的内容。在新建幻灯片的主标题中输入“三手烟危害儿童健康”，在副标题中输入“吸烟危害又有新发现”。

步骤 3：按题目要求设置字体。选中主标题文本，在【开始】功能区的【字体】分组中，单击“字体”按钮，弹出“字体”对话框。在“字体”选项卡中，设置“中文字体”为“黑体”，设置“大小”为“63 磅”，设置“字体颜色”为“其他颜色”，弹出“颜色”对话框，单击“自定义”选项卡，设置“红色”为“250”，设置“绿色”为“0”，设置“蓝色”为“0”，单击“确定”按钮，再单击“确定”按钮。按同样的操作设置副标题为“楷体”“33磅”。

步骤4：按题目要求插入艺术字。单击第三张幻灯片，在【插入】功能区的【文本】分组中，单击“艺术字”下拉按钮，在下拉菜单中选择“渐变填充－黑色，轮廓－白色，外部阴影”。选中“请在此放置您的文字”，输入“奥运圣火在甘肃敦煌传递”。

步骤5：按照题目要求设置艺术字位置。选中插入的艺术字，在【绘图工具】|【格式】功能区的【大小】分组中，单击右侧的下三角对话框启动器，弹出“设置形状格式”对话框，单击“位置”选项卡，在设置“水平”为“9厘米”，“自”为“左上角”，设置“垂直”为“14厘米”，“自”为“左上角”，单击“关闭”按钮，艺术字设置完成。

步骤6：按题目要求设置幻灯片版式。选中第四张幻灯片，在【开始】功能区的【幻灯片】分组中，单击“版式”按钮，在下拉列表中选择“内容与标题”。

步骤7：按题目要求设置字体。选中第四张幻灯片文本，在【开始】功能区的【字体】分组中，单击“字体”按钮，弹出“字体”对话框。在“字体”选项卡中，设置“大小”为“21磅”，单击“确定”按钮。

步骤8：按题目要求移动图片。选中第二张幻灯片的右侧图片，单击鼠标右键，在弹出的快捷菜单中选择“剪切”，选择第四张幻灯片，右键单击“单击此处添加文本”，在弹出的快捷菜单中选择“粘贴”。

步骤9：按题目要求添加备注。选中第一张幻灯片，在下方的“单击此处添加备注”中输入“三手烟包含致癌物质”。

(2)【解题步骤】

步骤1：按题目要求删除幻灯片。选中第二张幻灯片，单击鼠标右键，在弹出的快捷菜单中选择“删除幻灯片”，即可删除幻灯片。

步骤2：按题目要求移动幻灯片的位置。选中第三张幻灯片，单击右键，在弹出的快捷菜单中选择“剪切”，将鼠标移动到第1张和第二张幻灯片之间，单击右键，在弹出的快捷菜单中选择“粘贴”。

步骤3：按题目要求设置幻灯片背景。选中第一张幻灯片，在【设计】功能区的【背景】分组中，单击“背景样式”按钮，在下拉列表中选择“设置背景格式”，弹出“设置背景格式”对话框，单击“填充”选项卡，选择“渐变填充”，在“预设颜色”中选择“雨后初晴”，在“方向”中选择“线性对角－右上到左下”，单击“关闭”按钮。

步骤4：按题目要求设置幻灯片切换效果。选中所有幻灯片，在【切换】功能区的【切换到此幻灯片】分组中，单击“其他”下拉三角按钮，在展开的效果样式库的“细微型”选项组中选择“淡出”效果。

步骤5：保存文件。

真考题库训练 9

一、素材路径

实训素材 \ 第 5 部分 PowerPoint 操作 \ 真考题库训练 9 \ 考生文件夹

二、题目要求

打开考生文件夹下的演示文稿 yswg. pptx，按照下列要求完成对此文稿的修饰并保存。

大熊猫细胞库

- 大熊猫是世界上现存最古老，也是最濒危的物种之一。
- 成都大熊猫繁育研究基地已经基本建成大熊猫细胞库，可为大熊猫克隆工程提供技术和资源支持，对大熊猫资源保护具有拯救性的意义。

单击此处添加标题

单击此处添加副标题

（1）使用“都市”模板修饰全文，全部幻灯片切换效果为“溶解”。

（2）在第二张幻灯片中输入主标题为“大熊猫细胞库”，设置字体为黑体，字号为 50 磅，颜色为红色（请用自定义标签的红色 250、绿色 0、蓝色 0），副标题为“大熊猫”克隆“工程取得进展”，设置字体为楷体，字号为 40 磅。移动第二张幻灯片，使之成为第一张幻灯片。将第二张幻灯片的版式改为“内容与标题”。

三、操作步骤

（1）【解题步骤】

步骤 1：打开 yswg. pptx 文件，按题目要求设置幻灯片的设计模板。选中全部幻灯片，在【设计】功能区的【主题】分组中，单击“其他”下拉三角按钮，在展开的样式库中选择“都市”样式。

步骤 2：按题目要求设置幻灯片切换效果。选中所有幻灯片，在【切换】功能区的【切换到此幻灯片】分组中，单击“其他”下拉三角按钮，在展开的效果样式库的“华丽型”选项组中选择“溶解”效果。

（2）【解题步骤】

步骤 1：在文本处输入要求的内容。在第二张幻灯片的主标题中输入“大熊猫细胞库”，在副标题中输入“大熊猫”克隆“工程取得进展”。

步骤 2：按题目要求设置字体。选中主标题文本，在【开始】功能区的【字体】分组中，单击“字体”按钮，弹出“字体”对话框。在“字体”选项卡中，设置“中文字体”为“黑体”，设置“大小”为“50 磅”，设置“字体颜色”为“其他颜色”，弹出“颜色”对话框，单击“自定义”选项卡，设置“红色”为“250”，设置“绿色”为“0”，设置“蓝色”为“0”，单击“确定”按钮，再单击“确定”按钮。按同样的操作设置副标题为“楷体”“40 磅”。

步骤 3：按题目要求移动幻灯片的位置。选中第二张幻灯片，单击右键，在弹出的快捷菜单中选择“剪切”，将鼠标移动到第一张幻灯片之前，单击右键，在弹出的快捷菜单中选择“粘贴”。

步骤 4：按题目要求设置幻灯片版式。选中第二张幻灯片，在【开始】功能区的【幻灯片】分组中，单击“版式”按钮，在下拉列表中选择“内容与标题”。

步骤 5：保存文件。

真考题库训练 10

一、素材路径

实训素材\第 5 部分 PowerPoint 操作\真考题库训练 10\考生文件夹

二、题目要求

打开考生文件夹下的演示文稿 yswg. pptx，按下列要求完成对此演示文稿的修饰并保存。

1. 第一张幻灯片的版式改为“标题和内容”，将第三张幻灯片的图片移到剪贴画区域，图片的动画设置为“盒状”“放大”。插入一张幻灯片作为第一张幻灯片，版式为“标题幻灯片”，输入主标题文字“国家一级保护动物东方白鹳”，副标题文字为“从玄武湖公园集体出逃”。主标题的字体设置为“黑体”，字号设置为 67 磅，“加粗”。副标题字体设置为“仿宋 _ GB2312”，字号为 33 磅，颜色为红色（请用自定义标签的红色 250、绿色 0、蓝色 0）。第三张幻灯片中插入形状为“填充一白色，轮廓一强调文字颜色 1”的艺术字“救助东方白鹳”（位置为水平：9 厘米，自：左上角，垂直：2.5 厘米，自：左上角）。

2. 删除第四张幻灯片。全部幻灯片切换效果为“随机线条”。

三、操作步骤

1.【解题步骤】

步骤 1：打开 yswg. pptx 文件，按题目要求设置幻灯片版式。选中第 1 张幻灯片，在【开始】选项卡下，在【幻灯片】组中，单击“版式”按钮，在下拉列表中选择“标题和内容”。

步骤 2：按题目要求移动图片。选中第 3 张幻灯片的图片，单击鼠标右键，在弹出的快捷菜单中选择“剪切”，选择第 1 张幻灯片，右键单击剪贴画区域，在弹出的快捷菜单中选择“粘贴”。

步骤 3：按题目要求设置幻灯片的动画效果。选中第 1 张幻灯片中的图片，在【动画】选项卡下，在【动画】组中，单击“其他”快翻按钮，在展开的效果样式库中选择“更多进入效果”选项，弹出的“更改进入效果”对话框，在“基本型”中选择“盒状”，单击“确定”按钮。在【动画】组中，单击“效果选项”按钮，在“方向”中选择“放大”。

步骤 4：按题目要求插入新幻灯片。鼠标移到第 1 张幻灯片之前，在【开始】选项卡下，在【幻灯片】组中，单击“新建幻灯片”下拉列表，选择“标题幻灯片”。

步骤 5：在文本处输入要求的内容。在新建幻灯片的主标题中输入“国家一级保护动物东方白鹳”，在副标题中输入“从玄武湖公园集体出逃”。

步骤 6：按题目要求设置字体。选中主标题文本，在【开始】选项卡下，在【字体】组中单击右侧的下三角对话框启动器，弹出“字体”对话框。单击“字体”选项卡，在“中文字体”中选择“黑体”，在“大小”中选择“67 磅”，在“字体样式”中选择“加粗”，单击“确定”按钮返回到编辑界面中。选中副标题文本，在【开始】选项卡下，在【字体】组中单击右侧的下三角对话框启动器，弹出“字体”对话框。单击“字体”选项卡，在“中文字体”中选择“仿宋 _ GB2312”，在“大小”中选择“33 磅”，在“字体颜色”中选择“其他颜色”，弹出“颜色”对话框，单击“自定义”选项卡，在“红色”中输入“250”，在“绿色”中输入“0”，在“蓝色”中输入“0”，单击“确定”按钮，再单击“确定”按钮返回到编辑界面中。

步骤 7：按题目要求插入艺术字。单击第 1 张幻灯片，在【插入】选项卡下，在【文本】组中，单击“艺术字”下拉按钮，在下拉菜单中选择“填充－白色，轮廓－强调文字颜色 1”。选中“请在此放置您的文字”，输入“救助东方白鹳”。

步骤 8：按照题目要求设置艺术字位置。选中插入的艺术字，在【绘图工具】|【格式】选项卡下，在【大小】组中，单击右侧的下三角对话框启动器，弹出“设置形状格式”对话框，单击“位置”选项卡，在设置“水平”为“9 厘米”，“自”为“左上角”，设置“垂直”为“2.5 厘米”，“自”为“左上角”，单击“关闭”按钮，艺术字设置完成。

2.【解题步骤】

步骤 1：按题目要求删除幻灯片。选中第 4 张幻灯片，单击鼠标右键，在弹出的快捷菜单中选择“删除幻灯片”，即可删除幻灯片。

步骤 2：按题目要求设置幻灯片切换效果。选中所有幻灯片，在【切换】选项卡下，在【切换到此幻灯片】组中，单击“其他”快翻按钮，在展开的效果样式库的“细微型”组中选择“随机线条”。

步骤 3：保存文件。

第 6 部分　浏览器（IE）的简单使用和电子邮件收发

真考题库训练 1

一、素材路径

实训素材 \ 第 6 部分浏览器（IE）的简单使用和电子邮件收发 \ 真考题库训练 1 \ 考生文件夹

二、题目要求

给同学孙冉发邮件，E-mail 地址是：sunshine9960@gmail. com，主题为：鲁迅的文章，正文为：孙冉，你好，你要的两篇鲁迅作品在邮件附件中，请查收。将考生文件夹下的文件“LuXun1. txt”和“LuXun2. txt”粘贴至邮件附件中。发送邮件。

三、操作步骤

①启动“Outlook Express 2016”。

②在 Outlook Express 2016 工具栏上单击“创建邮件”按钮，弹出“新邮件”对话框。

③在“收件人”中输入“sunshine9960@gmail. com”；在“主题”中输入“鲁迅的文章”；在窗口中央空白的编辑区域内输入邮件的主题内容“孙冉，你好！你要的两篇鲁迅作品在邮件附件中，请查收。”。

④选择【插入】｜【文件附件】命令，弹出“插入附件”对话框，在考生文件夹下选择文件“LuXun1. txt”和“LuXun 2. txt”，单击“附件”按钮返回“新邮件”对话框。

⑤单击“发送”按钮，完成邮件发送。

真考题库训练2

一、素材路径

实训素材\第6部分浏览器（IE）的简单使用和电子邮件收发\真考题库训练2\考生文件夹

二、题目要求

打开Outlook Express，发送一封邮件。

收件人：zhangsan@163.com

主题：新年好

正文：张三，新年快到了，祝你在新的一年里学习进步，生活愉快，身体健康，万事如意!

附件：考生文件夹下一幅名为“NewYear.jpg”的图片。

三、操作步骤

①启动“Outlook Express 2016”。

②在Outlook Express 2016工具栏上单击“创建邮件”按钮，弹出“新邮件”对话框。

③在“收件人”中输入“zhangsan@163.com”；在“主题”中输入“新年好”；在窗口中央空白的编辑区域内输入邮件的主题内容“张三，新年快到了，祝你在新的一年里学习进步，生活愉快，身体健康，万事如意!”。

④选择【插入】|【文件附件】命令，弹出“插入附件”对话框，在考生文件夹下选择文件“NewYear.jpg”，单击“附件”按钮返回“新邮件”对话框。

⑤单击“发送”按钮，完成邮件发送。

真考题库训练 3

一、素材路径

实训素材\第 6 部分浏览器（IE）的简单使用和电子邮件收发\真考题库训练 3\考生文件夹

二、题目要求

某模拟网站的主页地址是 HTTP://LOCALHOST:65531/ExamWeb/INDEX.HTM，打开此主页，浏览“航空知识”页面，查找“轰 6 战略轰炸机”的页面内容，并将它以文本文件的格式保存到考生目录下，命名为“h6zlhzj.txt”。

三、操作步骤

①打开 IE 浏览器；

②在“地址栏”中输入网址“HTTP://LOCALHOST:65531/ExamWeb/INDEX.HTM”，并按【Enter】键打开页面，从中单击“航空知识”页面，再选择“轰 6 战略轰炸机”，单击打开此页面；

③单击【文件】|【另存为】命令，弹出“保存网页”对话框，在“文档库”窗格中打开考生文件夹，在“文件名”编辑框中输入“h6zlhzj.txt”，在“保存类型”中选择“文本文件（*.txt）”，单击“保存”按钮完成操作。

真考题库训练 4

一、素材路径

实训素材\第 6 部分浏览器（IE）的简单使用和电子邮件收发\真考题库训练 4\考生文件夹

二、题目要求

1. 表弟小鹏考上大学，发邮件向他表示祝贺。

E-mail 地址是：zhangpeng_1989@163.com

主题为：祝贺你高考成功!

内容为：小鹏，祝贺你考上自己喜欢的大学，祝你大学生活顺利，学习进步，身体健康!

2. 打开 HTTP://LOCALHOST:65531/ExamWeb/index.htm 页面，浏览网页，并将该网页以 .htm 格式保存在考生文件夹下。

三、操作步骤

1. 邮件题

①打开“Outlook 2016”；

②在 Outlook 2016 功能区中单击“新建电子邮件”按钮，弹出“新邮件”对话框；

③在“收件人”编辑框中输入“zhangpeng 1989@163.com”；在“主题”编辑框中输入“祝贺你高考成功!”；在窗口中央空白的编辑区域内输入邮件的主题内容“小鹏，祝贺你考上自己喜欢的大学，祝你大学生活顺利，学习进步，身体健康!”；

④单击“发送”按钮，完成邮件发送。

2. IE 题

①打开 IE 浏览器；

②在“地址栏”中输入网址“HTTP://LOCALHOST:65531/ExamWeb/Index.htm”，并按【Enter】键打开页面；

③单击【工具】|【文件】|【另存为】命令，弹出“保存网页”对话框，在“文档库”窗格中打开考生文件夹，在“保存类型”中选择“网页，仅 HTML(*.htm;*.html)”，单击“保存”按钮完成操作。

真考题库训练 5

一、素材路径

实训素材\第 6 部分浏览器（IE）的简单使用和电子邮件收发\真考题库训练 5\考生文件夹

二、题目要求

向课题组成员小赵和小李分别发 E－mail，主题为“紧急通知”，具体内容为“本周二下午一时，在学院会议室进行课题讨论，请勿迟到缺席!”。发送地址分别是：zhanguoli@cuc. edu. cn 和 lijianguo@cuc. edu. cn。

三、操作步骤

①打开“Outlook 2016”；

②在 Outlook 2016 功能区中单击“新建电子邮件”按钮，弹出“新邮件”对话框；

③在“收件人”编辑框中输入“zhangguoli@cuc. edu. cn;lijianguo@cuc. edu. cn”；在“主题”编辑框中输入“紧急通知”；在窗口中央空白的编辑区域内输入邮件的主题内容“本周二下午一时，在学院会议室进行课题讨论，请勿迟到缺席!”；

④单击“发送”按钮，完成邮件发送。

真考题库训练 6

一、素材路径

实训素材 \ 第 6 部分浏览器（IE）的简单使用和电子邮件收发 \ 真考题库训练 6 \ 考生文件夹

二、题目要求

打开 Outlook Express，接收来自 bigblue _ beijing@yahoo.com 的邮件，并回复该邮件，正文为：信已收到，祝好!。

三、操作步骤

邮件题

①在“考试模拟软件”中选择【答题】|【启动 Outlook Express】，启动“Outlook Express 2016”。

②单击“接收邮件”邮件按钮，接收完邮件之后，会在“收件箱”右侧邮件列表窗格中，有一封邮件，单击此邮件，在下方窗格中可显示邮件的具体内容。

③单击工具栏上“答复”按钮，弹出回复邮件对话框。

④在窗口中央空白的编辑区域内输入邮件的主题内容“信已收到，祝好!”，单击“发送”按钮完成邮件回复。

真考题库训练 7

一、素材路径

实训素材 \ 第 6 部分浏览器（IE）的简单使用和电子邮件收发 \ 真考题库训练 7 \ 考生文件夹

二、题目要求

1. 接收来自 zhangpeng _ 1989@163. com 的邮件。并回复该邮件，主题：来信已收到正文内容为：收到信件，祝好!

2. 打开 HTTP://LOCALHOST:65531/ExamWeb/index. htm 页面，浏览网页，点击不同的链接进入子页面详细浏览。并将所有子页面以文本形式保存到考生文件夹下。

三、操作步骤

1. 邮件题

①【启动 Outlook 2016】，打开“Outlook 2016”。

②单击“发送/接收所有文件夹”按钮，接收完邮件之后，会在“收件箱”右侧邮件列表窗格中有一封邮件，单击此邮件，在右侧窗格中可显示邮件的具体内容。

③单击“答复”按钮，弹出“答复邮件”对话框。

④在“主题”编辑框中输入“来信已收到”；在窗口中央空白的编辑区域内输入邮件的主题内容“收到信件，祝好!”，单击“发送”按钮完成邮件回复。

2. IE 题

①【启动 Internet Explorer】，打开 IE 浏览器；

②在“地址栏”中输入网址“HTTP://LOCALHOST:65531/ExamWeb/Index. htm”，并按【Enter】键打开页面，单击一个链接；

③单击【文件】|【另存为】命令，弹出“保存网页”对话框，在“文档库”窗格中打开考生文件夹，在“文件名”编辑框中输入“TestIe. txt”，在“保存类型”中选择“文本文件（*. txt）”，单击“保存”按钮完成操作；

④重复上面的步骤②和步骤③，把所有链接全部保存为文本文件格式。

真考题库训练 8

一、素材路径

实训素材\第 6 部分浏览器（IE）的简单使用和电子邮件收发\真考题库训练 8\考生文件夹

二、题目要求

1. 接收来自班主任的邮件，主题为“关于期末考试的通知”，转发给同学丁丁和张欣。他们的 E－mail 地址分别是 ding _ ding@sina. com，zhangxin123456@sina. com。并在正文内容中加上“请务必仔细阅读有关通知，并转达通知内容给同宿舍的同学，收到请回复！”

2. 打开 http://localhost/myweb/show. htm 页面浏览，在考生文件夹下新建文本文件，命名为“剧情介绍 . txt”，将页面中剧情介绍部分的文字复制到文本文件中，保存，并将电影海报照片保存到考生文件夹下，命名为“电影海报 . jpg”。

三、操作步骤

1. 邮件题

①【启动 Outlook 2016】，打开“Outlook 2016”。

②单击“发送/接收所有文件夹”按钮，接收完邮件之后，会在“收件箱”右侧邮件列表窗格中有一封邮件，单击此邮件，在右侧窗格中可显示邮件的具体内容。

③单击工具栏上“转发”按钮，弹出转发邮件对话框。

④在“收件人”编辑框中输入“ding _ ding@sina. com；zhangxin123456@sina. com”；在“主题”编辑框中输入“关于期末考试的通知”；在窗口中央空白的编辑区域内输入邮件的主题内容“请务必仔细阅读有关通知，并转达通知内容给同宿舍的同学，收到请回复！”。单击“发送”按钮完成邮件转发。

2. IE 题

①【启动 Internet Explorer】，打开 IE 浏览器；

②在“地址栏”中输入网址“HTTP://LOCALHOST:65531/ExamWeb/show. htm”，并按【Enter】键打开页面，单击“剧情介绍”链接，选中剧情介绍部分的文字，按快捷键【Ctrl＋C】；

③打开考生文件，选择【文件】|【新建】|【文本文档】命令，或单击鼠标右键，弹出快捷菜单，选择【新建】|【文本文档】命令，即可生成新的文件，此时文件

（文件夹）的名字处呈现蓝色可编辑状态。编辑名称为题目指定的名称“剧情介绍.txt”。

④打开新建的“剧情介绍.txt”，按快捷键【Ctrl+V】，单击【文件】|【保存】，保存文件；

⑤打开刚刚的页面，单击电影海报照片，单击右键选择“图像另存为”，弹出“保存图片”对话框，在“文件名”编辑框中输入“电影海报.jpg”，单击“保存”按钮完成操作。

真考题库训练 9

一、素材路径

实训素材\第 6 部分浏览器（IE）的简单使用和电子邮件收发\真考题库训练 9\考生文件夹

二、题目要求

打开主页 HTTP://LOCALHOST:65531/ExamWeb/index.htm，浏览“广播电视研究中心”页面，查看“中心概况”页面内容，并将它以文本文件的格式保存在考生文件夹下，命名为“survey.txt”。

三、操作步骤

IE 题

①【启动 Internet Explorer】，打开 IE 浏览器；

②在“地址栏”中输入网址“HTTP://LOCALHOST:65531/ExamWeb/index.htm”，并按【Enter】键打开页面，从中单击“广播电视研究中心”页面，再选择“中心概况”，单击打开此页面；

③单击【文件】|【另存为】命令，弹出“保存网页”对话框，在“文档库”窗格中打开考生文件夹，在“文件名”编辑框中输入“survey.txt”，在“保存类型”中选择“文本文件（*.txt）”，单击“保存”按钮完成操作。

真考题库训练 10

一、素材路径

实训素材\第 6 部分浏览器（IE）的简单使用和电子邮件收发\真考题库训练 10\考生文件夹

二、题目要求

给同学孙冉发邮件，E-mail 地址是：sunshine9960@gmail.com，主题为：鲁迅的文章，正文为：孙冉，你好，你要的两篇鲁迅作品在邮件附件中，请查收。将考生文件夹下的文件“LuXun1.txt”和“LuXun2.txt”粘贴至邮件附件中。发送邮件。

三、操作步骤

邮件题

①在“考试模拟软件”中选择【答题】|【启动 Outlook Express】，启动“Outlook Express 2016”。

②在 Outlook Express 2016 工具栏上单击“创建邮件”按钮，弹出“新邮件”对话框。

③在“收件人”中输入“sunshine9960@gmail.com”；在“主题”中输入“鲁迅的文章”；在窗口中央空白的编辑区域内输入邮件的主题内容“孙冉，你好！你要的两篇鲁迅作品在邮件附件中，请查收。”。

④选择【插入】|【文件附件】命令，弹出“插入附件”对话框，在考生文件夹下选择文件“LuXun1.txt”和“LuXun 2.txt”，单击“附件”按钮返回“新邮件”对话框。

⑤单击“发送”按钮，完成邮件发送。